大是文化

世界一わかりやすい 20秒プレゼン実践メソッド 特別講

20秒電梯簡報

哈佛商學院、美國矽谷創業者必學的簡報技術，

只給20秒，再忙的人都抬起頭來注意你。

開辦超過一萬次簡報指導
教學課程，指導超過五萬人

小杉樹彥——著

黃怡菁——譯

CONTENTS

CHAPTER 2

二十秒的奇蹟，我這樣創造 47

CHAPTER 3

三結構和十七個問題，你的內容變無敵 87

CHAPTER 4

電梯簡報的必備武器 121

CHAPTER 5

第一印象，不能扣分

CHAPTER 6

靠手勢、音調，為你的簡報加分

CHAPTER 7

CHAPTER 8

這次沒成功，再找下一個二十秒

推薦序一

倒果為因！成為更好的自己

簡報奉行創辦人／RainDog 雨狗

這些年，雨狗一直致力於將美日歐最新簡報觀念與思潮，在第一時間引進臺灣，去年秋天看到小杉樹彥這本新書的日文原版，登上了日本亞馬遜簡報類暢銷書的榜首，於是立刻下單並仔細拜讀，並從中獲得了不少寶貴啟發。現在，我也要誠心向你推薦這本《二十秒電梯簡報》。

先說這本書適合什麼人？我的看法是以下這兩種人：年輕的你，以及覺得自己還有一顆年輕之心的你。

會說適合年輕人，是因為這本書內容，和市面上大部分的簡報書籍相比，特別淺顯易懂；即使是沒有任何簡報經驗的人，也很容易入門與上手。內容從學生出社會後，首先需要面臨的求職面試，到進入職場後，內外部提案的準備過程，透過書中八個章節的引導與學習，可以讓你在最短的時間內，從眾多競爭者中脫穎而出。

對於生理年齡已經邁入中壯年的你來說，如果你不甘心於現在的工作條件與環境，或是不滿足於當下成就，認為自己還有其他更多的可能，那麼藉由和這本書的交流與對話，絕對可以釋放你的更多潛力與未來性。

《二十秒電梯簡報》含金量最高的地方，在於這是一本「倒果為因」的書。因為它承諾你，只需要透過二十秒的電梯簡報，就有可能為你的人生，帶來巨大的成功、成就與財富。對於這一點，我要很負責任的告訴你：這絕對是真的！

雨狗就是因為簡報，不但獲得了豐足的報酬，還認識了一大群遠比我優秀傑出、原本現實生活中不太可能會接觸並結識的朋友，甚至也是因為簡報的緣故，才得以有幸遇到終身的靈魂伴侶，並組成了讓我每天都倍感幸福的美滿家庭。

好的簡報本身，就是一個美好的結局。因為只有一個夠好的人，才能做出夠好的簡報，你也才足以配得上你的簡報。

為此，你需要擬定策略，決定你簡報的具體目標與對象；要建立你的第一手資訊網，蒐集對方的情報，透過作者提供的十七道問題，找出自己的盲點後，提出別人沒提過的方案，並且讓對方清楚知道，他能得到什麼好處。同時，你還要持續不斷的學習，找出自己的加分項目。

這樣還不夠，你的打扮也需要更得體，身體也需要鍛鍊，才會有更優雅的體態，包括簡報前的飲食，也必須注意。而你說話的音量、音調與音色，平時就需要練習；你簡報時的手勢，也需要透過錄影畫面來自我檢視並改進。因為知道結局是美好的，所以你會更願意去努力，也更清楚努力的方向。剩下的，就是等原文版說的「ワンチャン」，也就是那個屬於你的機會來臨了。

簡報的真正目的，就是為了改變世界。讀完這本《二十秒電梯簡報》，就算還沒有機會改變外在世界，為這個世界增添一絲美好，相信至少也會先改變你的內在世界，讓你成為一個更好的人。

推薦序二

「知道」從來不等於「做到」

秒殺課程「一談就贏」創辦人／鄭志豪

簡報是什麼？又為什麼對每個人都那麼重要？

很多人一提到「簡報」二字，總會在第一時間聯想到，有個講者放著投影片、對著大家侃侃而談，但簡報真的只有如此而已嗎？萬一我對你說，不管有沒有電腦或麥克風，其實你在提案、求職、銷售、甚至與陌生人偶遇時，都用得上簡報技巧，你會不會覺得和自己原先想得很不一樣？

作者在書中以我兩次赴美去參加談判學程的哈佛大學為例，進而延伸提到美國從小學、中學、到大學都非常注重簡報的運用，這點我也相當認同。從科展到商學院的行銷分析，甚至可以說，萬一你的簡報技巧不如人，想要獲得評審或老師的青睞就難上加難。

萬一有人可以讓你只用二十秒，就獲得更多受人青睞的機會，你覺得這種技能會有多重要？

本書聚焦的電梯簡報術，就是這樣一個讓人快速掌握機會的技巧，而且對不同領域或工作性質的朋友都很適用。

當我一開始翻閱這本書，馬上吸引我目光的，就是作者提出的「簡報三寶」。當他說出筆、計算機、和筆記本時，頓時讓我會心一笑，馬上知道這是個既實在，又注重實用效果的作者。

萬一只讓我看到投影片該怎麼設計、又該怎麼用便利貼調整報告順序之類的內容，卻又是一本要教人如何進行電梯簡報的書，我可能會馬上丟掉，因為這種人，肯定沒有親身在短時間讓對方點頭的經驗。本書作者顯然不是如此，因為不管是準備簡報的十七道基本練習題、或是穿透性聲音的五點自我訓練方式，看來都既實用且好用。

另一點更讓我感到誠懇的是，作者竟然會在書中堂而皇之的寫：「現今有許多書，都在用無意義的內容灌水，只會讓讀者越讀越心累……。」這點其實在臺灣也相當常見，不只簡報，很多號稱企業名師所出的書，看似金句良言一大堆且有條有理，但真正實用的內容卻不多。我就曾經看過，有人號稱自己實務經驗豐富，但認真看看他的經歷，其實多半時間都只在做教育培訓工作，像這種人卻以實務經驗為賣點，豈不可笑？

就以本書也提到的一頁A4紙來說好了，當亞馬遜的貝佐斯這樣要求時，每個人都大點其頭，但像我這樣，在根本還沒聽過貝佐斯、或其他知名人士這樣做時，就已經在公司內要求所有人不用PPT，而改用一頁A4來報告者，請問又有多少？而我起碼還是跟貝佐斯本人有電子郵件往來過，而那些所謂實務經驗卓越者到底做過些什麼？

這是一本你可能會覺得簡單、道理你也都知道的實用好書，但作為一個曾經在四大洲針對上萬人進行過商務簡報、更曾在數十個國家進行過陌生開發及客戶拜訪的人來說，我想提醒大家，「知道」從來不等於「做到」，而本書就是能讓你循序漸進的把電梯簡報「做到」的好書。

推薦序三

不只是簡報，也是職場溝通的哲學

「簡報初學者」創辦人、AbleSlide內容總監／Allan

若說到當今職場人最需要具備的軟實力，簡報，肯定能名列前三。不過，每個人對於簡報能力的認知，都有所不同。有些人認為，一場好的簡報，最需要的是口語表達的能力；有些人主張內容至上、邏輯結構清楚明瞭，才是好簡報；也有人覺得，好的簡報就是設計精美的投影片。

上述這些看法都沒錯，但都只是比較表層的認知。當我們往源頭追問：「簡報的目的是什麼？」就會知道一場簡報成功的關鍵，在於人，也就是聽眾。只要能清楚傳達資訊、打動人心，甚至促使行動，不管他的強項是口語表達、邏輯思維，還是設計能力，都只是幫助他達到目的的手段罷了。

以終為始、以人為本，這是簡報者最需要具備的思維。而這本《二十秒電梯簡報》，則是簡報思維的最佳體現。和其他坊間的簡報書不同，它並沒有給出太過繁複的方法論，也沒有講解瑣碎的設計技巧，而是從對象出發，手把手帶你完整走過一場電梯簡報的旅程。

從最初擬定策略開始，作者就重點強調了對象的重要性。在準備你的簡報之前，你就得先蒐集對方的情報，找到對方可能的需求，讓自己能提供相應的價值，才能讓這場簡報更好的達標。

在本書後續的內容中，也貫徹了這樣的思維。不論是釣餌、重點、歸納的鑽石結構、提前模擬問題的十七道練習題，還是簡報當下需要準備的道具、穿著打扮、手勢音調等，所有的一切，都是圍繞對方，預想了所有可能遭遇的情況，而做出的準備。

事實上，當你仔細詳讀本書，你就會發現，儘管作者講述的是電梯簡報，但它其實還可以看作是職場溝通的縮影。仔細想想，在公司和老闆、同事相處時，你是不是也需要知道對方的需求是什麼、自己能協作的工作是什麼，也同樣需要注意守時、服儀得體和表達清晰？更不用說會議時的工作匯報，完全可以說是電梯簡報的日常版。

由此可見，儘管目標對象有所不同，事前需要準備的程度也不一樣，但其中的電梯簡報哲學，以對象為本的思維，卻是放諸四海皆準，而當你能夠以這樣的思維，把自己當作創業者，將溝通對象當投資人，來做一場又一場的二十秒電梯簡報時，相信你在面對之後職場中大大小小的溝通，都能游刃有餘。

現在，翻開這本《二十秒電梯簡報》，向作者學習電梯簡報的溝通哲學吧！

前言

電梯簡報，創造二十秒的奇蹟

坊間流傳著許多討論簡報技巧的書籍，而本書與那些從頭到尾只是把簡報技巧條列陳述的工具書截然不同，是一本能夠讓你的人生掀起巨大改變，讓你的簡報擁有靈魂的指南書。

本書將為讀者介紹，只要花二十秒就能讓奇蹟發生、徹底大逆轉局勢的方法，這個方法就是「電梯簡報」（The Elevator Pitch）。

電梯簡報發源於創業者的聖地——美國矽谷，是一種嶄新概念的簡報術。若你也有下述的煩惱，那麼利用電梯簡報，你說不定就能抓住一舉改變狀況的大好機會。

1. 想要開發新客源，以提升業績。

2. 想要創業，需要向投資者們調度資金。

3. 希望能獲得第一志願的企業青睞，一舉錄取。

4. 想向喜歡的對象告白，擄獲芳心。

5. 希望能精準的傳達自己的想法，不要造成誤會。

你是不是覺得肯定要花費很多時間、非常嘔心瀝血，才能夠實現願望或解決煩惱？大錯特錯。當你學會電梯簡報，你將能以超乎想像的速度，達成你所期望的結果，奇蹟將會在一瞬間發生。

請恕我現在才簡單自我介紹。我是一名新創教育事業的經營者，目前也有在大學開班授課。以十到二十歲世代為中心，至今已有將近三千人以上接受過我的簡報技巧指導，當中有學生也有商務人士。但其實我在學生時代，曾被狠狠批評簡報技巧超差。

「談話內容太無聊」、「抓不到重點」、「文字語彙太貧乏」，周遭的人們曾經給予我的評價就是如此慘痛嚴苛。我以前也曾向上市企業很認真的簡報，結果在眾多企業要員的面前，我被如此狠狠的吐槽：「小杉啊，你的簡報技巧很差呢。」對於當時的我來說，這句話簡直就像一把刀，用力刺進我的心臟。

就在那個時期，我接觸了電梯簡報。攻讀研究所時，我發狂般的拚命學習電梯簡報，其結果，讓曾經陷入簡報地獄的我，在之後突飛猛進，一次又一次跨越難關，贏得想要的成果。

之後面對求職、工作職場、人際關係……人生際遇中的種種難關，我全部都能順利通過，之所以能有如此巨大的轉變，我相信都是拜電梯簡報所賜。

「想要將如此美妙的技能傳達給更多人知道，讓世界變得更美好。」於是我抱持著這樣的想法，下定決心開始編寫本書。

現今有太多長篇書籍，將同樣一件事不停以換句話說的方式重複，藉此灌水頁數、用無意義的內容增加篇幅，反而讓讀者越讀越心累。本書只刊載重點內容，請務必反覆閱讀箇中精妙。

本書共由八個章節所構成，每個章節所要論述的重點如下：

第一章：電梯簡報的概要。
第二章：關於電梯簡報的目標設定、制定策略。
第三章：模擬情境的設想方式。
第四章：電梯簡報的必備工具。
第五章：打造可信的願景。
第六章：正確傳達旨意的說話方式。
第七章：有效率的練習法。
第八章：進行電梯簡報時的注意事項，以及構築信賴關係的方法。

本書收錄大量的實際案例，讓讀者可以更有臨場感的去感受、理解電梯簡報的威力。我集結了將近十年的研究結果，並凝聚精華成就了這本書，衷心盼望你也能自由自在的使用，親自感受所謂二十秒的奇蹟！

Chapter 1

哈佛商學院必備的技能

1 為什麼大多數人都自認不擅長簡報？

我要問你一個問題：「你覺得自己是否很不擅長簡報？」稍微回想一下自己過往的經驗，憑感覺回答就可以了。

在聽你的答案之前，我想先分享一段小故事。

我目前有在大學開班授課，我也曾問過學生們同樣的問題。教室大約有兩百名學生，你覺得其中有幾成的學生會回答 yes？五成？還是六成？或是猜多一點，八成？

讓我來揭曉答案吧。回答 yes 的比例竟然是一〇〇%，也就是教室裡將近兩百名同學，全部都舉手表示覺得自己不擅長簡報。說不定會有人覺得，「這大概是亞洲人特有的自謙文化所致」，我當時也希望如此。為了驗證心中所想，我將學生分組，簡單的給予各組課題，要求他們日後在課堂上簡報。

然而我實在想得太天真了，學生們的簡報發表簡直慘不忍睹。論述內容支離破碎，完全無法傳達主旨；搞不清楚現在到底在對誰說話，表達對象不明；聽眾根本聽不懂簡報到底在說些什麼。

幾乎每一位同學在發表完自己的簡報後，立刻失去幹勁，甚至打起瞌睡或是默默滑手機。即便我想從旁給予建議，卻完全找不到切入點、不知從何評價。但這類情況不只發生在大學生身上。

我大概有將近十年的時間，有機會得以向不同年齡層的人指導簡報，從高中生到社會人士都有，而幾乎大多數的人都像前面提到的一樣，覺得自己很不擅長簡報。

那回到我一開始的提問吧，你的答案是什麼呢？你是否也和那些大學生們一樣，覺得自己很不擅長簡報？為什麼會有這麼多人簡報技巧如此之差？我歸納出的答案其實很簡單，就是技術與練習都很不足罷了。

▼ 不擅長簡報是因為練習不夠

2 哈佛商學院的入門第一堂課——學習簡報

上一節提到的小故事，其實還有後續。

對於學生的簡報能力之低落，而深感憂心的我，在下課後與一名男學生搭話，我問他：「今天辛苦啦，我很好奇你在其他課簡報時，狀況怎麼樣？」學生接下來的回答真是出乎我預料：「其他課？其他課幾乎沒在出簡報作業耶。」我忍不住反問：「是嗎？你該不會至今為止，都沒有上臺簡報的機會？」他一派輕鬆的回答：「對啊，完全沒有。不只沒機會、沒經驗，其實我連上臺簡報是什麼都不太清楚。」我無言以對。

據我所知，確實只有一小部分的日本高中有將專題式學習（project-based learning，簡稱PBL）這類前端教育法導入學校課程，一般高中生在課堂上進行簡報的機會可說微乎其微。另外我也有所聞，目前仍有不少日本大學是採單向的知識授課，講師或教授僅是單方面的講課授業，學生也僅是接收而已。這樣看來，一年之中確實沒有幾次實際簡報的機會，理所當然，簡報能力不會太好。

一個在高中、大學時期都沒有好好學習簡報技巧的人，絕對不可能在出了社會之後，一夕之間轉變為充滿群眾魅力、能言善道的簡報高手。有哪一間公司會在新人教育訓練的時候，細心的從簡報基礎一步一步教育新人嗎？

現在這個社會，大部分的中小企業對於教育訓練，大都只抱著有總比沒有好的態度，基本上只有少數人知道簡報教育之重要性吧。

透過與男學生的對話，我判斷一般人普遍簡報技巧很差的根本原因，是出在技術與練習不足。

我在前言也有提到，我在學生時代也是個簡報技巧很差的人，但是，簡報絕對可以靠技術與練習來勤能補拙，至少我就是這樣學習過來的。

事實上，在美國可是從小學、大學到研究所，各個階段都投入非常多心力在簡報教育上。每一年通過艱難考驗，才能進入號稱世界頂尖商學院——哈佛商學院的精英人士，他們的第一堂課，便是接受專業的簡報教育。

常言道，「最重要的事要先說」，而這背後的意義，恰恰與本書的電梯簡報完全契合。電梯簡報可說是哈佛商學院學生必備的最重要技能。

3 美國矽谷創業者都在用

在簡報教育當中，電梯簡報被視為尤其重要的一環。因為電梯簡報可說是所有溝通基礎的集大成，可應用在各種場合，並將不可能化為可能。從下列三種觀點，我們可以知道，為什麼電梯簡報是最能直接傳達我們意思的一種方式：

1. 即便是初次見面的對象也能立刻使用。
2. 第一要務是傳達旨意。
3. 只需要二十秒就能執行。

再來，讓我們聊聊關於電梯簡報的效果。

所謂電梯簡報，其實就是在短時間奇蹟大逆轉狀況的方法。在越是艱難的情況下，電梯簡報越能發揮效用。

電梯簡報就是誕生於創業者的聖地——美國矽谷。

The Elevator Pitch，直譯就是：在電梯車廂內強力推銷。創業者尋求企業投資時，與投資者的初次相遇往往就是在電梯。從進入電梯到抵達目標樓層，在只有不到二十秒的時間內，創業者必須將自己的商業計畫藉機推銷給投資者。這就是電梯簡報名稱的由來。

如今，電梯簡報在矽谷可說是日常隨處可見的風景，幾乎任何場合都有人在進行電梯簡報。甚至可以說，無法善用電梯簡報的創業者，無法在矽谷求得一席之地。

我接觸了電梯簡報之後，更是將其特性大幅延伸，發揮在商務以外的場合，例如：大學求學時就以商業出版的形式發行了參考書、受邀參加電視節目錄影和雜誌專訪、年僅二十九歲就被招聘為大學的客座講師、與年營收一千億日圓的企業進行商業合作。

我從沒有錢、沒門路、沒有實績的狀態中起步，而上述這些例子全部都是我的真實經歷。

一般二十多歲的年輕人，很難想像自己能有如此規模的商業活動吧，但電梯簡報的魔力不只如此，上列的例子只是冰山一角，礙於篇幅，儘管無

▼ 電梯簡報發源地

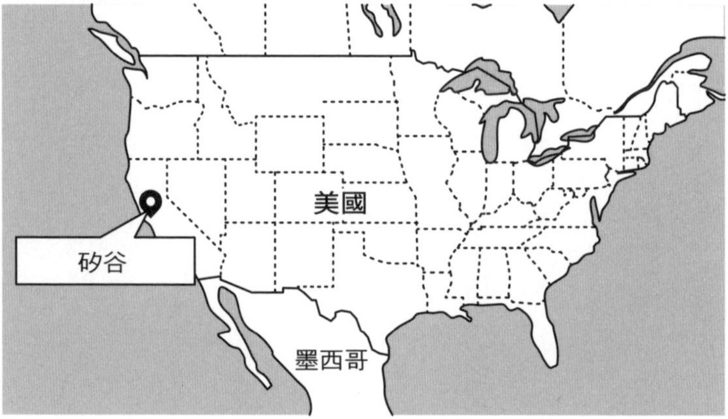

法將所有事例收錄進來，但這些神奇的案例也不只發生在我身上，太多太多不勝枚舉。

4 歸納重點，二十秒就夠

為什麼我們應該要學會電梯簡報？其中有三個非常重要的原因。

第一，由於網際網路普及，現在可說是資訊爆炸的時代，光是接收大量資訊、再將資訊分類、吸收的過程就是一大苦勞，而電梯簡報必須省去所有無謂的雜論，徹底精選再精選，最後歸納出精簡的結論。

與一般的簡報截然不同，電梯簡報可說是將重點精華，濃縮在短短數十秒中，更具體的說，它最重要也最重視的一點，就是重點歸納的功夫。若是歸納得好，其實二十秒就綽綽有餘，而我們的簡報對象也能夠在短時間內精準的獲得正確的資訊。

第二，現代人越來越不常開口說話。

舉例來說，以前家長想幫小孩向學校請假時，最遲會在請假當天的朝會前，打電話告知老師。然而現今已經有越來越多人，使用簡訊或電子郵件聯繫。

在商業界中，其實仍有不少主管在收到部屬臨時告知請假的訊息時，感到不知所措和困擾。以結論來說，現代社會正在進化成連告白都是用LINE之類的通訊軟體，在日常生活中，文字溝通已逐漸取代口頭溝通。

因為這樣，當遇到不得不開口說話時，越來越多人變得口拙、不知道該怎麼好好說。不過即使現代的社群網路再怎麼發達，口頭的表達能力仍不可或缺。

第三，現代社會的步調越來越快速，人們更加感受到時間的流逝。

前面說到因為社群網路的發達，人們在溝通聯絡這方面變得更快速輕鬆，也因此大多數的人都變得不願意等待、越來越沒耐心。比方說，當要更新 App 時，手機畫面顯示尚需五分鐘，你是否會忍不住碎唸：「還要這麼久喔……。」同時覺得很浪費時間？

注意了，當你的簡報對象都是些超級大忙人時，電梯簡報正是最有效率的方式，簡報時間拉得越長，反而會讓你的電梯簡報越發無趣，而這當然不是我們所期望的結果。

基於上述這三個理由，電梯簡報正是現代人都應該學習的技能。

5 掌握三要素，對方就會聽你說

讀到這邊，相信你應該已經知道電梯簡報的重要性及必要性，你是否開始認為學會電梯簡報，就能擁有無限可能呢？

「說不定連我也做得到！」能抱持這種自信的人，未來可期，當然，也有人是抱著相反的想法：「這可是哈佛高材生、矽谷的創業精英在用的技能耶，我沒有自信能做到……。」會這麼想也不奇怪。

請放心，本書所要闡述的電梯簡報，與地位或能力無關，是任何人都可以上手的活用版，依照這套基準，任何人都可以變成簡報高手。

讓我們先來聊聊電梯簡報的特色。

想必大家應該都知道希臘有名的大哲學家——亞里斯多德（Aristotle）吧。

他在《修辭學》（*The Art of Rhetoric*）中所提出的有效溝通三要素，有邏輯（Logos）、人格（Ethos）、情感（Pathos）（見下圖），將這三項要素融會貫通、充分發揮後，就是最能打動人心的溝通。

把這三項要素轉換成下頁圖，可以更容易理解。電梯簡報正是將下頁圖的三項要素集大成

▼ 打動人心三要素

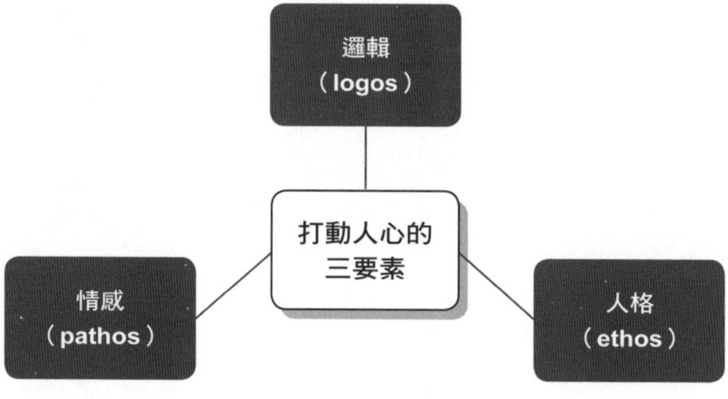

之呈現。

首先你必須有優質的談話內容，好的談話內容，是打動人心的大前提。另外，若是別人不夠信任你，對方就不可能因你的話而採取行動。

接著，若你準備的內容很優質，表達方式卻支離破碎，那也是白費。所以，精準且易懂的說明方式很重要，一言以蔽之，就是表達時要簡潔扼要，讓聽眾直到最後都能好好聽你說話。

更重要的是，當你在簡報

▼ 靠內容、表達方式與熱情，讓對方聽你說

時，要展現出認真的態度與熱情，因為你的情感也會左右聽眾對你的觀感，若是對方對你有了「這人是認真的嗎？」這種質疑，那麼你的簡報也會被大打折扣。

要想打動人心，滿腔的熱情與堅定果斷的氣勢，都是簡報人所必備的覺悟。

▼二十秒電梯簡報

□多數人不擅長簡報的原因，是因為技術及練習不足。

□電梯簡報是哈佛商學院入門時的第一堂課，堪稱是最重要的技能。

□電梯簡報可說是所有溝通基礎的集大成，就算沒錢、沒門路、沒實績，都能將不可能化為可能。

□電梯簡報源自於美國矽谷，是創業者們在電梯內強力推銷的一種方式。

□我們必須學習電梯簡報的三個理由：

①由於網際網路的普及，現在是一個資訊氾濫的時代。

②現代人越來越不常開口說話。

③現代社會步調快速，人們對於時間的流逝感受更加急切。

□電梯簡報不分地位或能力，任何人都可以上手。

□內容×表達方式×熱情＝電梯簡報的成果。

Chapter

2

20 秒的奇蹟，我這樣創造

1 你想利用這二十秒，完成什麼事？

電梯簡報的第一步，就是你想達成什麼目的，也就是訂定目標。若是沒有明確的目標，一不小心就會漫無目的、白繞圈子卻始終看不到結果。

為了避免陷入這種惡性循環，我們就必須好好運用ＰＤＣＡ循環。所謂ＰＤＣＡ循環，就是為了延續企業（產品）的生命週期，落實永續改善的經營管理概念。計畫（Plan）、執行（Do）、檢核（Check）、行動（Action），取這四個單字的第一個字母，就是ＰＤＣＡ，又因為四個為一組持續循環做下去，所以才叫ＰＤＣＡ循環。

「那麼，四個項目中，最重要的是哪一項？」在某一場研討會中，我對底下聽眾提出了這個問題，毫不意外，聽眾們的答案也是眾說紛紜。

當然，每一個項目都有其重要性，但要我來說，我會毫不猶豫秒答計畫，原因非常簡單，如果一開始計畫就設錯的話，後面就會接連失誤。

「朝著錯誤的方向勇往直前」，毫無疑問，這將是通往失敗的最快路徑。

要有明確的目標，我們才能問自己：「我是為了什麼才要進

▼ 利用 PDCA 循環訂目標

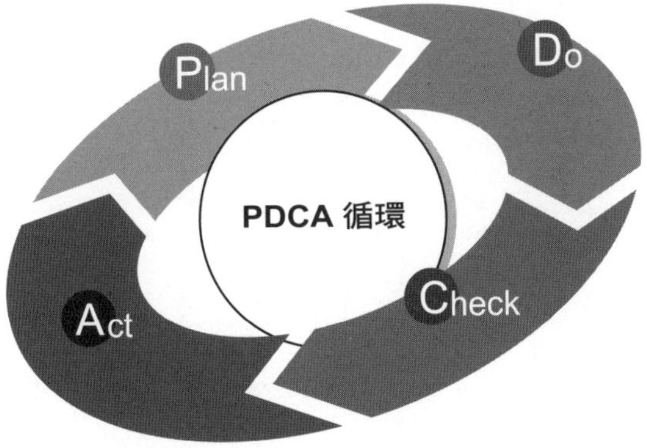

行電梯簡報？」在訂定目標時，你會思考希望對方有什麼反應？希望對方採取什麼行動進而達成你的期望？如此一步一步將你的想法具體化。

訂定目標固然重要，但若是你的想法虛無縹緲、不夠具體，那也是枉然。因此，在訂立具體的目標時，運用SMART法則就非常有用。所謂的SMART法則，其實也是取五個單字的第一個字母構成：具體的（Specific）、可量化的標準（Measurable）、可以達成的（Atainable）、實際的（Realistic）、有時效性（Time-based）。

你所訂立的目標是否有符合這五個項目？一邊檢查，一邊設定你的目標吧。

「在下次的董事會議上取得與社長面談的機會」、「在下個月三十號之前取得五件新的合約」、「本年度更新合約時，將顧問費提高二〇%」，像這樣設定明確的目標；畢竟若只有「提高顧問費」，那麼要何時提高？提高多少？這些都不清楚的話，就不是一個明確的目標了。

電梯簡報必須先想好目標，然後思考自己能做些什麼，才可以達成？

又該怎麼做？

2 怎麼賣一支筆給比爾・蓋茲？

電梯簡報的內容架構，會因為不同的報告對象，而有大幅度的改變。舉例來說，假如今天你要賣一支筆，給世界名人比爾・蓋茲（Bill Gates），你會如何開始你的電梯簡報？

我想應該不可能把「強調價格便宜」，當成你的提案內容吧？畢竟比爾・蓋茲可是世界有名的大富豪呢。

「我給你優惠價吧」、「現在買的話只要半價」，像這樣膚淺的文字肯定無法讓他上鉤，要想引起他的興趣，你的內容至少應該要提到社會意義之類，且架構完整的電梯簡報，才會有機會吧。

總之，弄清楚你所要報告的對象是什麼樣的人，這點非常重要。

- 地點。（他常去什麼地方？）
- 時間。（他是晨型人？午型人？夜貓子？）
- 服裝。（他是穿西裝？休閒便服？他喜好哪種風格？）
- 用字遣詞。（他有口頭禪嗎？）
- 提案。（他會對什麼話題感興趣？他關心的議題是？）
- 財力。（他的經濟能力在哪個階段？）

根據不同對象，上列幾點都會有非常大的差異。

在說出自己的意見之前，請務必先好好思考，你正在對什麼樣的人說話。這不侷限於商務人士，你與家人、朋友，或想加深交情的對象，都一樣需要有這份用心。

你要簡報的對象是什麼樣的人？對方的年齡？性別？教育程度？面對小學生和社會人士，你說話的用字遣詞肯定不一樣；男性或女性，會感興趣的議題及關鍵字肯定也有差異；依據對方的教育程度，你也會需要調整提案內容的難易度。

另外，針對你所提出的觀點，對方能夠有多少共鳴或了解？對方會不會有先入為主的刻板印象？對方會有多少時間與你談話？像這樣進一步思考，你就會明白，是否要捨棄難懂的業界用語或是專有名詞。

「站在對方的立場思考」是非常重要的一件事，你必須抽絲剝繭，徹底分析對象，並思考自己的行動。

3 告訴對方，他能得到什麼好處

當我們決定好電梯簡報的目標、報告對象，接下來就是要思考自己的簡報能讓對方獲得什麼益處，換句話說，也就是對方最想知道的事情。

我們無法否認，絕大多數人都是基於自己的利益而採取行動，「我能夠從中獲得什麼好處？」「你又能從中獲得什麼樣的益處？」「為什麼我應該要這麼做？」人們經常會抱持著諸如此類的疑問。

正因如此，若我們能夠明確的將好處傳達給對方，也就可以引起對方的興趣，像是可以大幅提升儲蓄效率、減輕壓力、提高生產力等。

在前面的文章中，我以比爾．蓋茲為例，指出「降價」這點對他來說，就是個不具有吸引力的益處。為了避免錯誤判斷，在思考利益之前，我們必須先想清楚，你報告的對象是個什麼樣的人。

在思考利益時，需要注意三個重點。

第一個重點，**比起好上加好，大多數人其實比較喜歡雪中送炭（改善缺點）**。向身體健康的人提案銷售健康食品，以及向深受疼痛之苦的人提案銷售止痛藥，哪一邊的人更會覺得，接受提案對自己有益呢？答案是後者。因為止痛就是一個緊急且必須的需求，正因疼痛受苦，這些人肯定比健康的人更想要獲得幫助。

第二個重點，千萬不要誇大你的效果。例如，你提出有一種口服用止痛藥效果超群，不論是頭痛、腹痛、腰痛都超有效！這種誇大式的說法反而讓人聽了會對藥效打折扣，降低對提案的期待感。針對重點出擊才是最重要的。

第三個重點，你所提出的解決方案必須能徹底解決問題。「可以減輕」、「可以舒緩」，若你提出的方案屬於不無小補的類型，這只會降低你提案的吸引力。「徹底消除疼痛」、「斷絕病灶」，這種能為對方解決問題的提案，才能讓對方深刻感受到好處。

▼ 思考好處時的三大重點

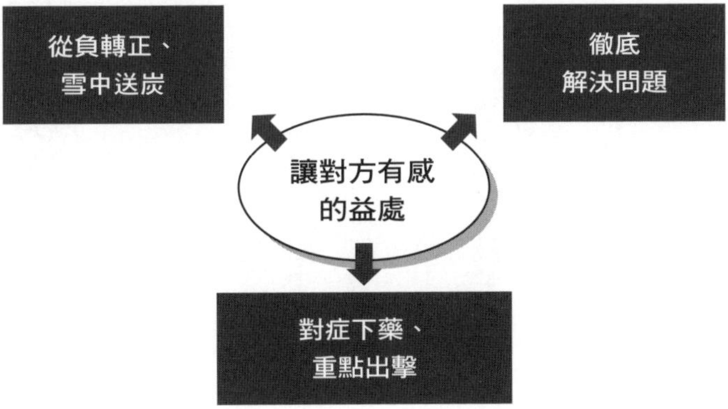

4 提一個讓人有點意外的方案

相信你應該聽過「藍海」這個名詞吧？藍海指的是尚未經過開發、還沒有競爭者的新市場（已開發、競爭激烈的市場稱為紅海）。創造尚未被開發、沒有競爭對手的全新市場，對於你的簡報對象來說，會是非常具吸引力的提案，也就是說，藍海策略，將是能夠帶給簡報對象最大益處的戰略。

電梯簡報戰略的本質是不與人爭，我以求職來舉例吧。

當畢業生面臨求職時的第一步，幾乎都是先上求職網站登錄資料。過去我曾向學生倡導：「捨棄那些求職網站吧！」之所以這麼說，是因為在我之前的拙作《求職十鐵則》（就活の鬼十則）中有提到：這些求職網站上所列出的公司，其實只占了全日本的一小部分而已，還有很多優秀企業及公司沒有刊登在求職網站上。

日本有九九．七％的公司都是中小型企業，反過來說，大企業只占了〇．三％，正因如此，我提倡透過一般人不常使用的方式來求職。

▼ 選擇未被開發的市場

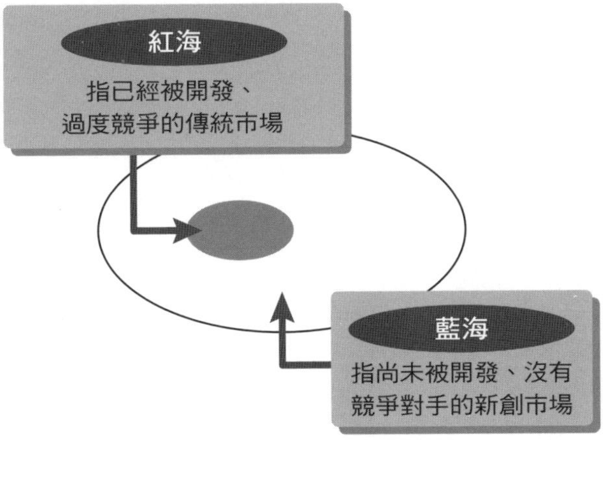
紅海
指已經被開發、
過度競爭的傳統市場
藍海
指尚未被開發、沒有
競爭對手的新創市場

除了求職網站之外，其他還有很多管道，例如向該公司的核心人物毛遂自薦，或是直接與人資一對一接洽。不要走一般求職的常見路線，偶爾也試試看旁門左道（當然前提是要合理合法），有時可以讓你獲得意外捷徑。

我想說的是，不要跟其他求職者，或同樣為應屆畢業生爭奪，而是和自己競爭。

若想要擠入知名企業的窄門，最多人走的一般求職路線，往往困難重重，很難突破，除非你有什麼驚人特長，否則非常難脫穎而出。但是，只要善用藍海策略，就有很大的機率能找到好工作。

事實上，在我任教的大學，運用我這套理論的學生，多數都能獲得優良企業的青睞並被錄取。

藍海策略也可以應用在其他地方：試著去接觸尚無人開發的領域、嘗試創造一個沒有競爭者的談話空間、提出一個別家業者都還沒有挑戰過的市場或企劃。你不能只在原地等待別人給你機會，試著思考用自己的力量去抓住機會，剩下的，就是與自己的戰鬥了。

5 只要四個連結，你想見誰就能見誰

若是現在突然有人說：「我想去向日本的內閣總理大臣，進行電梯簡報提案！」你會有什麼想法？肯定會覺得這人也太有勇無謀。

事實上，對於那些抱有瘋狂點子的人來說，電梯簡報更能幫助他們成功，甚至連「想要認識內閣總理大臣」都有可能成真。再告訴你一個更驚人的事實，如果你真心想要，只要透過三至四層人脈轉介，你就可以想見誰就見誰。

這是有實際數據支持的說法，建議你可以立即試試看。你的朋友、你的朋友的朋友的朋友……像這樣延伸下去，人脈的無限延伸，能連結各式各樣的人物。

一般在學校或職場，大概只要透過一位或兩位朋友轉介，就能認識到其他人，那麼，若是想認識遠在他方、完全沒交集的陌生人，又該怎麼產生連結？

讓我告訴你一個非常有趣的理論吧。社會心理學家史丹利．米爾格蘭（Stanley Milgram），為了驗證人與人之間如何產生連結，而進行了一項實驗。

▼ 透過四個人，就能認識目標對象

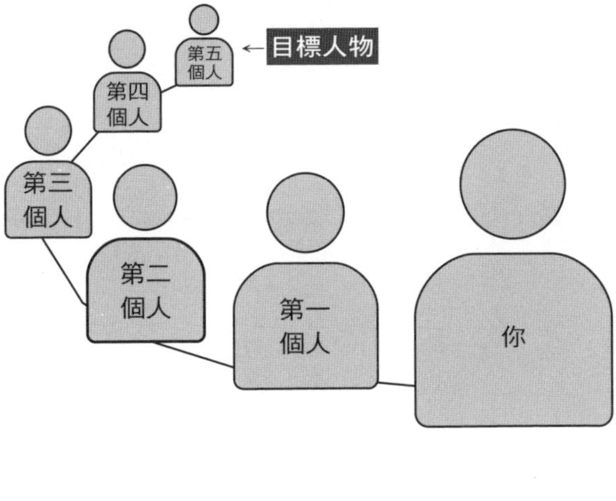

史丹利隨機抽選了十名住在美國中西部的居民，要他們分別用轉交的方式，將信件送到自己住在東岸的朋友手上。他對這十位參加實驗的人說：「想想你身邊有誰可能認識這位收件人？把信交給他，請他幫你轉交出去吧。」其結果令人驚訝，幾乎全部的信都是透過五至六個人，就送到指定收件人手上。這個實驗也被稱為「小世界理論」。

我在學生時代得知這個理論之後，也實際運用了這個方式，成功認識了許多有名人士，就連曾任日本文部科學大臣的下村博文，我也是藉著小世界理論，而有機會能與他同桌餐敘。

我的一個朋友，他是演員星野源的超級粉絲，為了見他一面，他參加各種飯局，也努力開拓人脈，例如公司老闆、政治人物、大學教授、主播、藝人……這些擁有頭銜的名人，意外的都會很乾脆答應幫忙介紹。

史丹利是在一九六〇年代進行他的實驗，而近年來，網路社群盛行，尤其臉書（Facebook）的使用者更是高達七億人以上，於是臉書公司也開始著手研究使用者們的人際關係連結。

分析全世界所有臉書使用者後發現，有九二%的使用者，只要透過三個人就能與他人產生連結，甚至九九%以上的使用者，只要透過四個人，就能和他人築起友誼的橋梁。

由此可見，相較於一九六〇年代，現在的世界變得更小，人與人之間的關係變得更近。

6 有時，你得想辦法堵到那個人

根據日本前陣子的新聞報導，有位號稱是「麻煩系 YouTuber」的男性網紅遭到逮捕，他被逮捕的原因是，他突然跑去突擊另外一位在業界非常有名的大人物 YouTuber，且在非常唐突的情況下擅自錄影，甚至當場要求這位大人物 YouTuber 與他來場即興合作。雖然這位麻煩系網紅最後遭到逮捕，但他的知名度也因此瞬間爆增。

儘管這並不能說是一個好範例，但這種突發奇想的做法，與電梯簡報的精神其實不謀而合。

那麼，這位麻煩系網紅又是如何得知大人物的行動，進而跑去接觸？

「事先探聽大人物可能會去的場所，然後守株待兔」，這種方法已經過時了。更進步一點的方法，是利用推特（Twitter）等即時發布情報的社群軟體，從中判斷當事人的即時所在地，然後一口氣殺到現場突擊。

舉例來說，有位粉絲在網路社群爆料：「某某人氣網紅現在在澀谷車站耶！」像這樣的即時資訊，瞬間就會在社群網站上擴散，又或者是當事人自己發布「我現在在澀谷站拍影片喔！」這樣的訊息，向大眾分享自己的所在地。

蒐集諸如此類的即時情報，其實不用花太多功夫，就能鎖定目標人物的所在地。或許有些人會覺得這種方式不合常理，但在日常生活中，想要接觸你根本完全不認識的陌生對象，這會是一種方法。

新聞中遭到逮捕的那位麻煩系網紅，他最大的問題在於突擊現場後，給目標人物造成了莫大的困擾，這的確是很不可取也不應該的行為。他就是越線、失去了應有的分寸，導致世人對他的評價只剩下「瘋狂纏人」、

「執念很深」等負面印象。

若是把這些努力發揮在對的方向，並運用電梯簡報的話，相信會有更好的結果。

說到情報，其實可以分為兩種類型：變動情報、不變動情報。前者指的是人的所在位置等，後者則是人的經歷或是興趣、嗜好、觀念等。

比方說，「政治家竹中平藏現在在六本木新城（Roppongi Hills）」這類消息會出現在各種即時更新的網路社群媒體；但是

▼ 蒐集訊息的方法

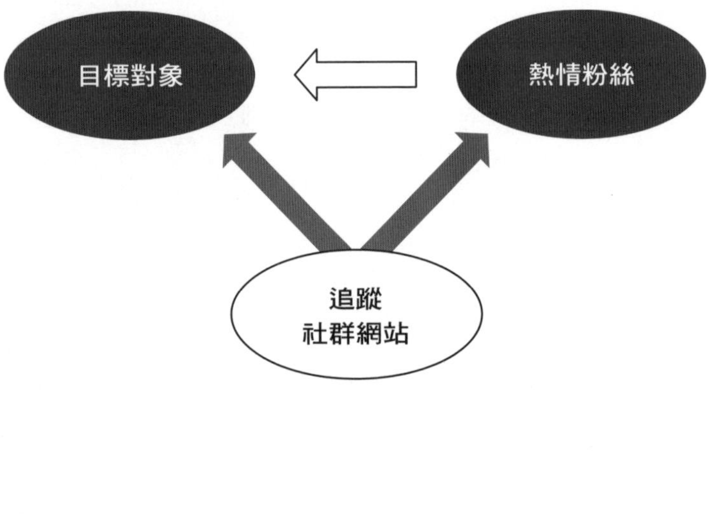

像「竹中平藏非常喜歡木村屋的櫻花紅豆麵包」，這種興趣嗜好類的情報，並不會輕易隨著時間流逝而有所改變。

變動情報重視的是即時，一分一秒的落差，都有可能讓你錯失見面的良機，也因如此，你的目標對象現在人在哪裡？在做什麼？為了把握最佳時機，蒐集即時情報就是非常重要的功課。

有個實用小技巧，就是去追蹤你的目標對象親自經營的社群網站，同時也追蹤目標對象的熱情粉絲，透過即時發布的更新、粉絲爆料交流等，全方位蒐集資訊吧。

7 直接去見有決策權的人

在訓練自己訂定策略的同時，也別忘了要找出並活用自己的加分項。每個人的加分項目都不一樣，例如年輕人的「年輕」，就是一個優勢，但也無法否認有人會認為年輕人就是經驗不足，可是在電梯簡報中，年輕無疑是個優勢。

俗話說，「初生之犢不畏虎」，雖然說「年少輕狂不知怕」並非全是好事，但在電梯簡報時，將這份熱血發揮出來，通常能帶來好結果。

試想一下，當年紀比自己小的年輕人，非常認真的跑來說想要跟你商量事情，你會怎麼做？應該不至於冷漠無視，通常應該會問對方「要商量什麼？說來聽聽吧。」實際上，有很多出社會第一年的社會新鮮人，會直接向企業老闆推廣業務。

一般來說，在商業界裡確實有「避免與年齡、職位差距過大的對象商談」的不成文規矩，原因也是相當八股，畢竟仍有為數不少的人會介意立場與身分，而也正因為這種環境，造就新進員工不敢與高層對話、感到卻步，於是就沒有人敢說話了。

但是，機會是不等人的。也是會有見多識廣的老闆，會給予有勇氣直言的新人正面評價，像是「這個新人相當有膽識啊」，甚至也有更厲害的強力新人，直接進言後獲得了「像你這樣的人才務必加入敝公司」的挖角機會。

電梯簡報的魅力，就是直接去接觸擁有決策權的人。與一般「必須費盡千辛萬苦、通過層層關卡才終於得到交涉機會」這種狀況相比，直接與決策者交手，應該是很難到達的境界吧。

人類其實是一種看到別人很努力，就會想為他加油的生物，尤其面對年輕後輩更是如此。而資深老手自也有他的優勢，例如，經驗就是老手最強的武器，但這並不是要刻意比較老手與新手孰優孰劣，而是我們應該要清楚自身狀況，選擇對我們最有利的方式。我所要強調的也就是這一點。

如果正閱讀本書的你，剛好就是年輕人的話，誠摯建議不妨將此納入你的策略之一。

▼ 新手老手的優勢

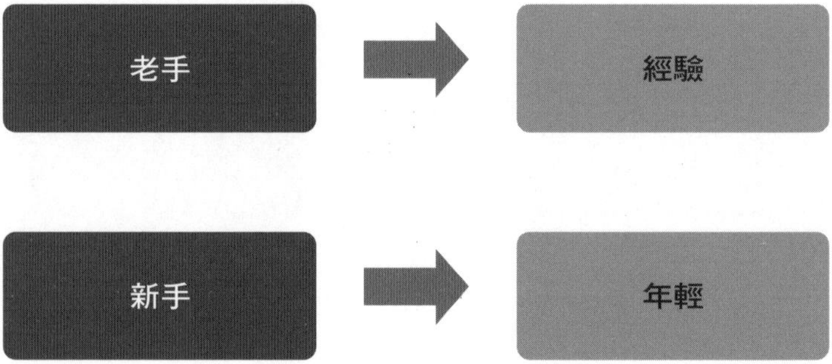

8 建立你的第一手情報網

在前面章節提到，資深老手的優勢是經驗，而要使電梯簡報成功，經驗也會是很重要的武器。

老手只要妥善活用自己的經驗，電梯簡報就能成功，舉例來說，要想讓對方接受提案，就必須徹底調查報告對象、提案內容，以及蒐集情報。經過調查後所研擬的方案，對方接受的機率也隨之提高，與此同時，若提案者的實務經驗豐富，整體的說服力就會倍增。

讀到這裡，你有什麼樣的想法？「經年累月所累積下來的經驗，絕非一朝一夕就能超越」，若你正值二十多歲、三十多歲，聽到這種說法，是否會開始想要打退堂鼓？但是，所謂的經驗高牆，也並不是真的無法突破。

有個方法可以大幅提升經驗值，就是「活用第一手情報」。具體來說，情報可以分成三種：第一手情報、第二手情報及第三手情報。

第一手情報是，你直接親耳聽到或親眼看到；第二手情報，則是透過他人口耳相傳；第三手情報是完全不知道消息來源的訊息。

所謂的蒐集情報，其實是要蒐集情報來源，只依賴網路搜尋，是搜不到真正重要的事情，要想獲得第一手情報，除了構築值得信賴的人際關係網之外，別無他法。

我至今也持續經營業界人脈，定期與他們交流、交換各種情報。透過這種管道所獲得的第一手情報，非常有價值。

正因為第一手情報並非輕易就能獲得，故當你的簡報內容運用了這些第一手情報，成功機率可大幅提升。

不過，如果只想自己單方面獲得他人的情報、卻不用回報，未免也太小看這個社會了。社會重視的是互相給予和接受，而這也是幫助你獲得第一手情報的不二法門。

首先，由你開啟往來的第一步，透過你提供的情報或協助，讓對方信任你，也為自己建立起信用。

如此互信、互助、互惠，有來有往，逐步構築起彼此的人際關係網。換言之，你也必

▼ 情報分三種

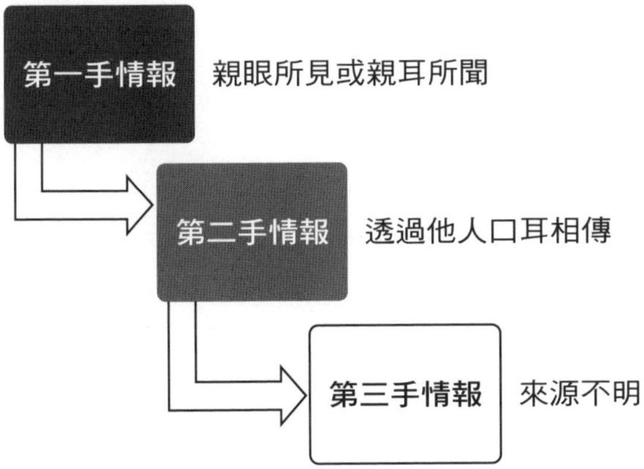
第一手情報
親眼所見或親耳所聞
第二手情報
透過他人口耳相傳
第三手情報
來源不明

須努力去蒐集對對方有益的情報，只想當個伸手牌，對方總有一天會不耐煩，最後離你而去。

9 參加講座、研討會，貴人都在那裡

在我們計畫著如何接近電梯簡報的目標人物時，切記有一個絕對不容錯過、與對象接觸率極高的絕佳場所，那就是你的目標人物會出席的講座或研討會。

為什麼在這類場合，能有極高機率可以成功接觸目標人物？因為凡是講座或研討會這種活動，日期、地點、流程等資訊，你都能在事前清楚掌握。基本上只要沒有不可抗力的特殊意外，主講人當天都一定會出現，而在活動結束後，通常會有機會與主講人搭話或是交換名片。

另外，在這種場合進行電梯簡報最不會吃閉門羹，所以我建議各位要

好好把握。多數的講座或研討會需要付費才能參加，一般的私人專題演講，參加費用大約是五千日圓，主講人會認為，「今天到場的觀眾都有付費」，因此當你向主講人搭話時，他們不會拒絕也不會迴避，但你也不用急於第一次參加活動，就想要進行電梯簡報。

我們可以把講座或研討會當成是行前場勘。你的目標人物就近在眼前，這是好好觀察及蒐集情報的大好機會，去觀察目標人物的實際行為、分析他與你原本的印象是否有落差等，會有助於你日後訂定戰略。想當然耳，第一排正中間，就是你應該要去坐的位置，千萬不要覺得不好意思就坐到後排位置。

你必須確保你的座位能夠被主講者一眼看見。就算現場是採指定座位制，或是有空調、視線死角等其他因素，建議你還是要極力爭取前面一點的位置，即便現場與他人換座位也在所不惜。在入場費一致的情況下，主辦單位也一定會盡量滿足你的需求。

這裡我分享一個實際案例。有一位立志想成為講師的A先生，為了與目標對象有接觸的機會，他報名參加了目標對象主講的研討會。

聆聽主講人演講的內容，確認主講人與自己的期望一致後，他利用中場休息時間，帶著自己的名片上前與主講人打招呼，順利藉此交換了名片。研討會結束後，他不只發送郵件道謝，後來也繼續報名參加這位主講人的其他講座。

A先生重複了兩、三次同樣的流程。

一般來說，很少有參加者會如此熱衷到這種地步。某天活動結束後，A先生一如往常又去休息室向主講人打招呼，此時主講人幾乎已經認得他，兩人很快就建立起交情，跨出友誼橋梁的第一步了。

到了這個階段，A先生也表明自己其實有意願成為講師，之後成功與主講人約好進一步訪談的時間。最後，他當上了這位主講人的徒弟，以儲備幹部的形式，跟在對方身邊學習。

如果，你到目前為止從來沒有參加過任何一場講座或研討會，誠摯建議你跨出第一步，去試著參加你的目標人物有出席的活動吧。我敢打包票，你一定會有所收穫，不會白費。

10 說這句話，讓對方有九成願意見你

想和從未往來的人見面交流，不採取無預警突擊，而是事前與對方約好見面時間，這可說是最妥當的方式，也是最確保萬無一失、一定可以與對方碰面的方法。而在見面當天，只要對方不是故意放鴿子，就一定會好好聽你說話，但老實說，這個方法很難執行。

畢竟約見面這件事本身的門檻就很高了，何況對象是從未往來的陌生人，不管是誰，基本上都很難約成，約失敗都是常有的事。即便是再優秀的業務員，約見面的成功率大多也不滿一成。成功率如此之低，可見用這種方式有多難。

「我就是約不到啊！」為此煩惱的人，你們有福了！有一句魔法話語，可以讓約談成功率高達九成，那就是──「我正在籌劃出版書籍，希望能有機會採訪您。」我敢說這句話的效用會讓你非常有感。你不必拘泥於是否真的有要出書，在採訪當事人時，就說「目前正在做出書準備」也可以。

當你用這句話來邀請，對方可能會聯想到，「自己的受訪內容將會刊登在出版品上」，會很快的認為接受你的邀請，對自己是有好處的。在你傳達有計畫出書的意思後，最好再進一步詢問對方：「請問您方便接受什麼樣形式的採訪呢？」盡己所能傳達你非常想要採訪對方的熱情。如此一來，相信再忙的人，也會願意撥出時間接受你的訪問。

我自己也有好多次都用這個方法，順利採訪了不少名人。我過去從採訪到實際出版許多書，一路上獲得了許多貴人的協助，例如政治家竹中平藏就是其中之一。

我以計畫出書的名義，順利取得採訪竹中平藏的機會。「還是學生就已經有能力出書啦？不容易啊！」在採訪過程中，很榮幸獲得竹中平藏如此讚美。他除了願意接受我的訪問之外，甚至連書腰推薦文都一併幫我完成，最後我也順利出版書籍。能夠獲得如此協助，真的是感激不盡。

其實我從讀研究所時，就已經參加過竹中平藏的講座，但是一直沒有機會與他單獨進一步面談，而使用先前提到的魔法話語，讓我成功約到一小時的時間，與他一對一訪談。

「我正在籌劃出版書籍，希望能有機會採訪您。」這句話，讓見面的成功率從一〇％上升到九〇％。

閱讀此書的你，不妨試試看這個神奇密技。

▼二十秒電梯簡報

□第一步也是最重要的一步——「你想達成什麼目標」，目標設錯的話，就連PDCA循環也救不了。

□使用「SMART法則」（Specific＝具體的、Measurable＝可量化的標準、Atainable＝可以達成的、Realistic＝實際的、Time-based＝有時效性），讓你的目標更具體。

□簡報對象不同，簡報內容也得不一樣。

□確定目標對象之後，去思考什麼對對方最有益處？對方最想知道什麼事情？如此才會讓對方更容易接受你的提案。

□電梯簡報的本質是挑戰新市場。

□根據小世界理論，只要透過三至四層人脈轉介，你就能認識全世界的人。

□活用推特（Twitter）等社群網站，蒐集即時情報吧。

□年輕就是優勢，善用這點。

□妥善運用他人直接告訴你的第一手情報，藉此彌補經驗上的不足。

□講座、研討會等活動場合，是接觸目標對象的最佳場所。

□成功約見面的訣竅，就是以「計畫出書」的名義來約訪談。

Chapter 3

三結構和十七個問題，你的內容變無敵

1 拋釣餌，你只有三秒時間

電梯簡報為了速戰速決，萬無一失的劇本（簡報內容）可說是必備武器，說是劇本的好壞決定簡報成敗，一點也不為過。接下來，我就來說明該如何準備一個好劇本。

在建立劇本時，絕對不能忽視的重點就是結構。所謂結構，就是決定你表達的順序，也可以說是你的說話內容。為了讓對方認同你的提案，你的表達順序就顯得很重要。那麼，我們該如何加強劇本的結構？

你完全不需要從無到有、靠自己創造。在思考結構時，其實有一個既定的黃金陣型。這個黃金陣型的名字就是鑽石結構，善用這個陣型，就能讓你的劇本發揮最大效果。

鑽石結構如下圖所示，總共由三層構造構成。

第一層：釣餌

所謂釣餌，就是能引起對方注意或興趣的話題、事物。

電梯簡報非常需要抓住對方的注意力，而你只有三秒的時間，短短三秒就可以定生死。

注意，作為餌的題材，可以正經也可以幽默，但千萬不能無

▼ 鑽石結構

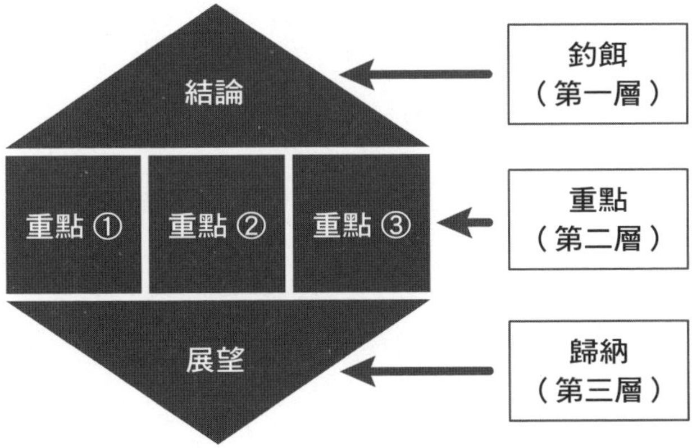

趣，若無法引起聽者興趣，那就沒有意義。

拋出餌之後，矽谷流派的做法是從結論開始，而日本人在溝通的時候，則會先加上鋪陳。

舉例來說，當你的報告對象是日本人時，開始電梯簡報之前，可以先說句：「不好意思，可以打擾您大約二十秒的時間嗎？」當作開場白。多說這一句話當鋪陳，日本人願意聽你說話的機率就會大增。

接著要陳述結論時，你可以說「我先說結論……」，再搭配以下三項要點，讓你的報告對象徹底被你吸引：

1. 從反問對方開始

可以像剛才的舉例，先用「方便打擾您嗎」當作提問，也可以用「反問對方」的方式，來故意引起對方的興趣。

2. 開頭就說「最重要的是……」

一開頭就強調「最重要」，無論是誰都會被吸引，認真聽你說。

3. 一開場就稱讚對方

就算是稱讚對方當下的穿著或配件也沒關係，大多數人被稱讚的同時，也會提升對你的好感度。

第二層：重點

要開始講述重點時，試著用這個方法來表達：「重點有三個。」接著繼續說：「第一個重點是……，第二個重點……，第三個重點是……。」像這樣條列式的說法，也有助於對方邊聽邊整理，加上先把有幾項重點說出來，對方也比較有耐心聽到最後。

此外，還有一招關鍵句，也別忘記用上——「總結就是……」，當這句話說出口，對方會立刻集中精神注意聽。

為了貫徹鑽石結構，最需要費心的部分就是重點。

要能涵蓋所有你想表達的內容、要讓對方容易記得並且一聽就懂，你所歸納出的重點必須達成這三項目標，因此在這個階段，非常值得你多花一點時間心力準備。

第三層：歸納

若想透過簡報傳達你的想法，最後結尾時就必須前後呼應。

這時可以利用歸納的技巧，再一次強調你如此提案的理由、此提案對對方有什麼益處。利用歸納，讓你與對方產生更深的連結，而在最後的最後，別忘了首尾呼應。「所以，你到底希望我怎麼做？」為了不讓你的對象在聽完簡報後產生這樣的疑問，接下來就是明確、具體的告訴對方，你希望他怎麼做。

- 希望能告訴我關於您的聯絡方式。
- 希望可以跟您約時間正式面談。
- 希望您能看看我的企劃案。
- 希望您能撥出一週的時間試用商品。
- 希望能夠引見決策者。

就像這樣明確表達出你的期望。

你應該也有聽說過「無限迴圈對話」這個名詞吧。這是指故意不讓談話中斷、不停延伸話題，並一邊觀察對方的反應，不斷改變談話走向，以求促使對方採取你想要的行動。但若是對方本來就對你的話題有興趣，根本不需要花費那麼長的時間說服，其實大約只要二十秒就綽綽有餘了。

以上說明，希望可以讓你也能好好運用鑽石結構。

2

別讓你的表情洩了你的底

大多數人在電梯簡報時，很容易忘記思考一件重要的事情，那就是你的提案究竟是不是一個好提案。

最常見的情況就是，當事人帶著連自己都覺得不怎麼樣的提案前去報告，結果失敗收場，這對你和對方來說都是在浪費時間。

絕對不可以帶著連你自己都認為是次級、二流的提案出擊。為了讓你對自己的提案有自信，首先，你就必須確信你的提案絕對就是最好的。「與競爭對手相比，我的提案也不會遜色。」、「我的提案已經能讓現狀比之前改善很多了。」只是這樣的話，還稱不上是自信。

話說回來，如果提出連你自己都沒有自信的提案，這對對方實在太失禮了，對方因此無法感受到你的熱情，也是理所當然。「這個提案確實不夠好，姑且死馬當活馬醫吧！」若只有這點覺悟，那麼無法打動對方也確實不意外。

雖然說電梯簡報原本就是鼓勵大家就算會失敗，也要勇往直前，但若你的簡報內容本身實在乏善可陳、漏洞百出，完全就本末倒置，有勇無謀也是枉然。對自己的簡報內容抱持著絕對自信並且出擊，這才是對對方的尊重。

當然，這世界並沒有所謂的絕對。

誇口說「這是一〇〇％一定會成功的提案！」，根本和詐欺沒兩樣。我所說的自信，並不是指這種誇口一定會成功的話術，而是你在心中確信、肯定的一種心態，「我相信我的提案能夠確實提升效率！」、「依照這個方法去做，肯定能夠提高營業額！」、「我一定會讓你幸福！」而這份自信，會在關鍵時刻變成你最強的武器。

你必須打從心底相信，自己的提案就是最佳提案，真心認為不接受這份提案的人真是虧大了，這一點很重要。更具體的說，當你想要傳達「這個真的是好東西！」給對方時，為了讓對方也認為：「這個好像真的不錯！」首先，你自己展現出來的態度就必須是：「這毋庸置疑就是好東西啊！」至少你自己必須肯定自己，這是說服他人的最低條件。

懷抱著自信去提案，才能傳達出你的熱情，若在執行之前就已經認定自己會失敗，那副表情是怎麼藏都藏不住的。

3 十七個鑽石問題，幫你找出盲點

當你已經研擬好電梯簡報劇本，接下來就是依據內容，來模擬對方可能會提出的問題。

很常聽到的狀況是，當報告者自認做足準備，卻在簡報途中，被對方犀利的提問問到陷入窘境、答不及問，尤其對方指出報告內容的矛盾之處，或是當場指責你的說明不夠充分時，相信很多人都會因此動搖。

為了避免陷入窘境，事前模擬並檢查是否還有哪裡不足，也是重要的基本功。自己再三檢查固然很好，倘若能請客觀的第三者幫忙檢查的話就更好了，畢竟自己一個人很容易陷入盲點，有其他人幫忙再好不過。

我建議可以製作模擬問題小卡。正面寫著報告對象可能會提出的問題，背面就寫下你準備回答的答案，使用一般的活頁紙都無妨，不過我特別推薦「Maruman Loose Leaf」的活頁紙。

當然，你不需要力求網羅所有可能的提問，因為我們也不可能事先知道對方會想問的所有問題。

這裡我準備了足以應付絕大多數報告場合的基本題型，

▼ 作者推薦的活頁紙

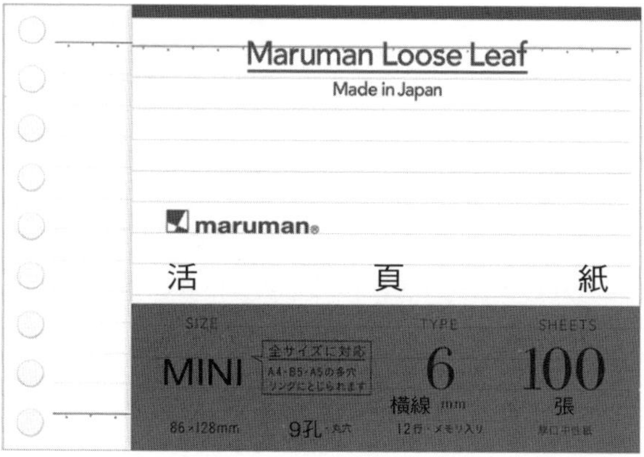

總共有十七題。

若是能好好練習這十七個基本題，相信在正式報告時，就不會被嚇得措手不及，慌張想著「怎麼會問我這個問題啊？我根本沒想到啊！」為了降低發生這種慘況的機率，這些基本練習題可以幫助你突破盲點，而我也加上了重點建議。

我相信這十七個基本練習題會成為你很好的參考資料，而在練習的過程中，你肯定能注意到自己原本沒有注意到的細節，對症下藥，提升自己的簡報力。

Q1 一言以蔽之，你的提案內容是什麼？

重點建議 將你的提案內容整體融會貫通之後，濃縮成一句話表示吧，以不超過四十個字為佳。

Q2 為什麼會想提出這樣的案子？

重點建議

這個提案能達成什麼結果？你設定的目標、想達成的目的又是什麼？在這一題，建議好好說明你的動機或契機。

Q3 你自己對於這個提案有什麼想法？

重點建議 此時千萬不能透露出「如果能順利的話就好」的氛圍，應該要展現出「我一定會讓這個提案成功」的氣勢，對方會因為你的表現，而被挑起熱情與信心。

Q4 這個提案對我們有什麼價值？

重點建議 明確說出你的提案對對方有什麼益處？為什麼對方必須接受？好好表達你的想法。

Q5 最終目標是什麼？

重點建議
若是採取這個提案，現狀會有什麼樣的改變？會給未來帶來怎樣的結果？利用比較 Before & After，闡述願景吧。

Q6 為了執行這個提案，我們需要什麼樣的方法？

重點建議 不管是多傑出的提案，若無法執行，就只是紙上談兵，必須好好說明你的提案該如何執行，越具體越好。

Q7 來聊聊關於你（你的公司）吧。

重點建議 這表示對方開始對你（或你的公司）感興趣了，若你是代表公司前來，此時應該好好介紹公司的理念、規模、沿革、股東等資訊。

Q8 有競爭對手嗎？與對手的差別在哪裡？

重點建議 沒有經過百分之百超精密的調查，建議不要輕易回答沒有對手。至於差別化的重點，必須著重在表達我方最好的優勢。

Q9 這個提案中最困難的部分是？

重點建議 「必須有最高決策者的同意」、「目前技術團隊的開發進度落後」等，具體將困難點明示出來。若你也有改善困境的線索，也可以一併提出。

Q10 你計畫如何實現這個提案？請說說看。

重點建議

「計畫延遲」、「計畫不如預期」、「計畫失敗」等情況都不算少見，建議要具體說明自己的計畫規畫到何種程度、是否縝密嚴謹。

Q11 這個提案有可能靠你自己一人（或你的公司）執行嗎？

重點建議

這個提案是獨力即可完成？還是需要集眾人之力？若是需要他人協助，具體說明你所預想編制的團隊吧。

Q12 這個提案能一〇〇%解決問題，或是解決一部分問題？

重點建議 表示對方想了解這個提案的成效、完成度。最理想當然是兩者兼備，但事實上究竟能達成多少成效？解決多少問題？誠實回答為上。

Q13 承上題，若只能解決一部分問題，請說明原因。

重點建議 表示對方其實想要知道，距離百分之百解決所有問題，需要多少時間或多少費用？針對現狀，條理清晰的回答吧。

Q14 事前做了什麼樣的市場調查？

重點建議 對方想要知道你耗費了多少心力做功課。根據你調查的方式、用心程度、使用手段等，需要多下功夫注意，如何陳述才能為自己加分。

Q15 若接受了這個提案，接下來會面臨什麼樣的課題？

重點建議 若是對方接受了你的提案，那麼就必須說明清楚可能會造成對方何種負擔，千萬不能打迷糊仗。另外，為了減輕對方的心理壓力，也可以主動說明你能提供的協助，這會為你的印象加分。

Q16 接受這個提案後，你（或你的公司）是否還會提供其他方面的協助？

重點建議

後續追蹤及提供服務是必要的，建議最好當場清楚承諾你（或你的公司）可以提供的後續服務及協助。

Q17 這個提案需要花多少費用？

重點建議 若是你的提案有可能讓對方產生額外費用，建議要具體說明清楚，尤其是全額負擔還是部分負擔，更要說明清楚。

▼二十秒電梯簡報

□由釣餌、重點提示、歸納三項要素組成的鑽石結構，能夠讓你的表達更有力。

□使用釣餌時必須注意的三項技巧：從反問對方開始、開頭就說「最重要的是……」、一開場就稱讚對方。

□你所整理出的重點提示，必須達成三項目標：要能涵蓋所有你想表達的內容、要讓對方容易記得，並且一聽就懂。

□在簡報的最後，你必須明確表達你希望對方怎麼做，越具體越好。

□電梯簡報的基本禮貌，就是必須對自己的簡報內容抱有絕對自信，才可以去向對方提案。

□最好請客觀的第三者協助檢查簡報內容，找出盲點、矛盾、思慮不周之處。製作模擬問題小卡也會有幫助。

□練習十七個基本練習題，讓模擬問題小卡的內容更充實。

Chapter

4

電梯簡報的必備武器

1 筆、筆記本、計算機

在你前往進行電梯簡報時，身上的裝備越輕便越好。身上的東西越多，越難好好說話，因此建議你攜帶最低限度的必備物品就好。

比如，電梯簡報的時間又快又短，途中也經常需要筆記，當對方聽了你的報告之後，如果有當場提出質問的話，建議要立刻筆記下來。其實有不少社會人士並沒有隨時記筆記的習慣，但是記筆記這個行為，代表你有在聽對方說話、你很重視的意思，筆記可以說是應對進退的基本中的基本。

甚至當對方不是在質問你，反而是給你意見，但你只是聽，沒有筆記下來，肯定會讓對方覺得「這傢伙也太不認真」。只是沒做一個「筆記」的小動作，就有可能扼殺你的機會之芽，還有比這更可惜的事情嗎？

在電梯簡報時，我認為有三樣東西一定要帶上，我將其稱之為「簡報三寶」，那就是筆、筆記本、計算機。

我個人滿推薦日本百樂「PILOT VCORN 直液式水性鋼珠筆」，這款筆書寫起來非常滑順，也是我個人長年愛用

▼ 簡報三寶：筆、筆記本、計算機

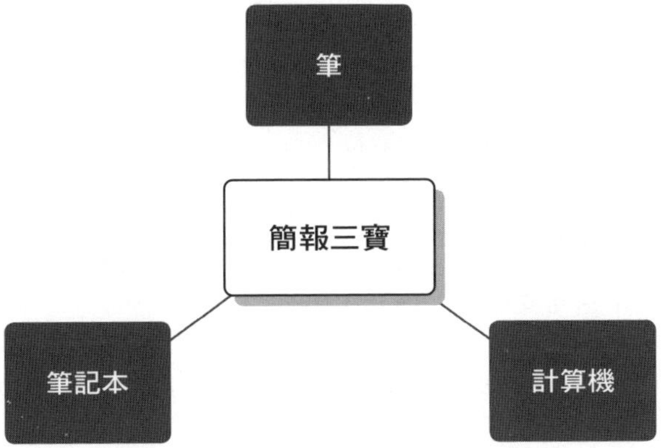

的筆。

或許也有不少人會想「用鋼珠筆的話，寫錯很難改耶」，但事實上，就算你用鉛筆或自動筆，當你一邊與客戶應對，一邊筆記，其實你也沒有時間用橡皮擦去更正錯字，慌慌張張使用橡皮擦，反而有可能擦掉不該擦的字，再加上處理橡皮擦屑也很麻煩。

畢竟只是備忘用筆記，就算當下寫錯字，畫兩條線表示刪掉，再接著寫下正確的內容就可以了，只要事後自己能看得懂，就沒有問題。

最重要的是，一定要手寫。若是用電腦或手機記錄，當你盯著螢幕打字時，對方反而看不到你的反應、也不知道你到底打了什麼，只是徒增對方的不安。

當你在談話當下遇到需要計算時，計算機就是不可或缺的必備工具。

▲ PILOT VCORN 直液式水性鋼珠筆

計算機的功用，除了幫助你算出無法靠心算就立即回答的數字之外，它最重要的使命，其實是展現你的誠實態度。比起回答一個正確的數字，讓客戶感受到你的誠實，才是能為你加分的點。就算是「二十元＋三十元＝五十元」這種基本算術，也要特意用計算機算給對方看，這個舉動能夠讓對方覺得你在工作上一絲不苟、確保數字的正確性，進而在心中對你產生「這個人值得信任」的印象。另外，比起使用手機的計算機功能，建議用傳統計算機比較好。

上述的簡報三寶，誠心推薦你在報告當天一定備好帶上。

2 最剛好的量，就是一張A4

有些人在準備資料的時候，喜歡準備大量又詳細的紙本資料，這種人絕對沒有資格說自己是在為對方著想。

在一個完全突然的情況下，你遞給對方一大份紙本資料，對方會怎麼想？恐怕十之八九會在心裡想：「怎麼這麼多？真不想讀。」

在準備資料時，一定要把對方當成每天都很忙的大忙人，畢竟，當陌生人突然遞出一大疊資料，還願意好好讀完的大好人，我至今為止是沒有見過啦。

最剛好的量，就是以一張A4為限。

實際上，一張Ａ４大小的紙本資料就具備了以下優點：

- 讓對方容易閱讀。
- 都是最重要的事項。
- 大幅縮短製作紙本資料的時間。

「只有一張資料，會不會給人感覺很沒誠意啊？」有人會因此感到不安，事實上完全相反。製作一張Ａ４資料看似簡單，其實要花費的功夫可不簡單，甚至可以說極為困難，因為要寫在這張Ａ４紙上的訊息，全部都只會是重要事項。

電梯簡報也是同樣原則，必須把簡報內容精簡再精簡，不能有廢話。

舉例來說，當我要準備出版的企劃書時，日本出版社人員會交代我，用一張Ａ４紙歸納整個企劃的重點內容，因為編輯部的編輯們通常都非常忙碌。我這本書的出版企劃書，最後也是將重點濃縮在一張A4就提交了。不管原稿有幾百頁，製作企劃書時，只需要用一頁A4紙把所有重點歸納整合。

電梯簡報只需要不到二十秒的時間，當然其紙本資料最多也是一張A4足矣，粗估大約有六百到七百字，這樣的文字量應該就不難閱讀。

將字級調小，就能在一張A4紙上輸入上千字，但這麼做毫無意義，相信你應該也心知肚

▼ 資料只需一張 A4

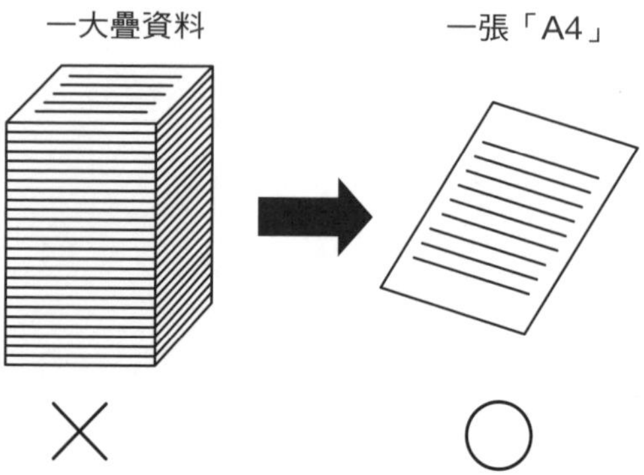

明。但不論我們如何將內容精簡，有一個項目絕對不能刪，那就是引用來源、出處。即便你的電梯簡報準備得很完美，千萬切記，不要讓對方回去反覆閱讀你的報告內容後，發現你的內容有侵害著作權之嫌。

另外，也希望你能注意一下印刷紙質，用磅數稍微厚一點的紙來印資料，除了避免紙張的四角發皺，還有一個重要原因，就是厚磅數的紙較有質感，能為你的印象加分。

像這樣的小細節日積月累起來，你與別人的差異就會日益明顯。

3 紙本資料必備四點附加價值

進行電梯簡報時，有一個大前提，那就是你手上拿的資料，並不是簡報核心，紙本資料準備再多，充其量也不過只是輔助而已。

實際執行電梯簡報報告的並不是這堆資料，而是你自己本身。若只會拿著資料照本宣科，那根本連討論的價值都沒有。

一直盯著手上的資料，你的報告對象從頭到尾只能看到你的頭頂，看不見你的表情，這樣是絕對不可能發生奇蹟的，只依賴紙本資料，不可能打動客戶的心，你想要傳達的主旨，才是你最應該花費心力去準備的事情，紙本資料只是其次，這點千萬不能忘。基於這點，紙本資料就必須有附加價值，所謂附加價值，是指口頭無法表達的優勢益處。

紙本資料也好、其他參考資料也好，都是為了輔助無法用口頭表達的部分，資料的附加價值越豐富，你的電梯簡報就越強力有用。簡報能順利進展到下一個階段，或是被丟進垃圾桶，這一切都與你提供的資料之附加價值有密切相關；相反的，用口頭就足以表達的事情，就不需要刻意再用紙本表達。

不要把時間及資源浪費在重複的事情上。下列幾項就是紙本資料很好的附加價值：

- 難讀、難懂的圖表或表格，要放大印出來。
- 為了體貼對方可能會想邊聽邊做筆記，設計了空白備註欄。
- 發給每一位出席者自己親手寫的訊息卡。
- 為了讓客戶在事後回顧時也能看懂，在資料上寫下你的補充說明。

上述這些要點，正是紙本才能傳達的重要資訊，也是附加價值。

在製作資料時，務必要注意，千萬不要只是把簡報直接印出來了事，只是單純直接印出來，這種紙本資料一點意義都沒有。

一般來說，資料可以分為瀏覽資料及發布資料兩種，這兩者在目的、版面設計、用途等方面在根本上完全不一樣。前者是讓報告者邊看邊進行口說報告的資料，後者則是為了進一步詳細了解而閱讀的資料。

在準備電梯簡報時，該準備的是後者的紙本資料，因為是要發給與會者的資料，在製作時只要掌握三項重點（見右圖），相信就能做出任誰都能看得懂的資料了。

①架構（對內容的掌握度）。

②版面（閱讀的視線順暢）。

③呈現（圖表或圖示、圖片）。

▲ 製作資料時的三大重點

4

「啊，我的名片用完了！」

在給紙本資料時，你一定要附上一樣必備商務道具，那就是名片。不論是在商務場合、求職，甚至是日常生活，名片都是非常好用且必要的工具，尤其當你把資料給了對方，希望對方之後能與你聯繫時，沒有附上名片就太不明智了。

如果你正在進行電梯簡報，而對方向你索取名片，你卻說「我沒有名片」，這簡直可以直接宣布你簡報失敗，更別提什麼「名片用完了」這種不及格的回答。

那麼，為了讓對方對自己留下印象，名片是否需要與眾不同？有一派認為名片的質感很重要，反之也有人不是那麼在意。若要我說，我是認同名片質感很重要這一派。

名片的功能絕不是只有提供聯絡方式而已。至少，我到目前為止已經有好多次在與人交換名片時，都被問起關於名片設計的問題。

下述場景，已經在我身上上演好多次了。

我：「您好，我是 Brave New World 股份有限公司的老闆，我叫小杉樹彥，請多指教。」（遞上自己的名片）。

對方：「哦！您的名片紙質很特別耶！我還是第一次看到這種設計，請問您是在哪裡製作名片的呢？」

我：「這是在一家叫做『二分之一印刷』的公司印製，他們很擅長原創設計喔。」

對方：「其實我最近也在煩惱製作名片的事情。新成立的公司名片若能做得這麼有質感就好了。」

像這樣自然展開對話，人際關係也就構築起來了。

其實，這段對話是我與英特爾（Intel）日本分公司的前任董事長傳田信行（現為 Denda Associates 傳田聯營股份有限公司董事社長）在交換名片時，真實發生過的事。

確實，名片品質並不等同於商務內容本質，就算名片製作得再精美，也不代表你的電梯簡報就一定會成功，但切記，真正的勝負，是在交出名片後才開始。

對方拿了你的名片，對你留下深刻印象，之後因為名片而成功讓對方記得你並且聯絡你，這樣名片就可稱得上是非常有用的商務工具之一了。

在電梯簡報時，對方主動要求交換名片是很常發生的事。

我自己的名片，是在前述提到名叫「二分之一」的印刷公司印製的。

印製過程非常迅速，對設計也很用心，製作出來的名片都很精美，因此我一再回訪，多次委託他們製作名片。

當然，市面上還有許多其他公司也都能製作精美的設計名片，或許當中也會有收費不貲的公司，但我希望你千萬別吝嗇。

因為一張好名片能為你帶來好的商務機會，這樣的投資一點也不貴。

▼二十秒電梯簡報

- □簡報三寶：筆、筆記、計算機，千萬別忘記。
- □不需要準備厚厚一大疊紙本資料，以一張Ａ４最為理想。
- □紙本資料必須有附加價值，也就是口頭無法表達的圖表或其他資訊。
- □好好運用名片，讓它為你帶來更多商務機會。

Chapter

5

第一印象，不能扣分

1 外表特別重要，因為你只有二十秒

人們會用外表來判斷一個人，這是不爭的事實，尤其電梯簡報的成敗，與外表也有密切關係。

在求職面試等特定場合，很多人都說外表占九成，姑且先不論真偽，至少在視覺、聽覺方面，是真的會產生意想不到的影響。就我自己來說，自從我上電視的機會變多了以後，越來越常被人搭話：「我之前有在電視上看到你喔。」一被這樣關注我是很感謝啦，但當我進一步詢問，他們對於我在節目上的表現有什麼看法時，得到的答案卻讓我有點意外，「感覺你這次化的妝比上次濃耶」、「你的領帶顏色太搶眼了」、「你講話的方式跟平常差好多喔」，諸如此類，經常出現跟節目本身毫無關聯的評語。

「難道沒人關心我在節目中講了什麼嗎？」儘管多少也會有這種心情，但也更真切的讓我感受到，外表有多重要。

電梯簡報的高手們，沒有人的外表是得過且過。高手都是從頭頂到指尖，每一處小細節都不會疏漏，「自己的臉部表情是否表現合宜？」「舉手投足、臺風有沒有穩？」「服裝打扮是否得體？」「髮型有沒有走樣？有沒有亂翹？」「皮鞋有乾淨光亮嗎？沒有髒汙吧？」這每一個小細節累積起來，就是你的外在分數。

當對方看到你的第一秒，就已經在對你的第一印象評分了，而打分數的基準毋庸置疑就是你的外貌。對方會靠外表，來判斷你的格調，這是每個人都具備的一種直覺，並且人們會依循這份直覺，來判斷你是否夠格往來。畢竟在時間有限的情況下，對方頂多只能從履歷表跟外貌判斷，你可能會是一個什麼樣的人，這也是無可奈何的事情。

萬一，對方直覺認定你不值得他花時間，那麼接下來他聽你說話的意願就會歸零，這時候若你還死纏爛打、硬追著對方強迫對話，應該會被警察或保全請走吧；反過來說，若是對方看到你的外表就對你產生期待的話，連帶的也會對你要說的內容感興趣。

2 配合對方挑選服裝

所謂流行打扮與合宜打扮，你是否認為這兩個詞，所代表的意思是一樣的？其實這兩種打扮意義截然不同。流行打扮是為了自己，合宜打扮是為了對方。

電梯簡報的場合，毋庸置疑是以後者裝扮為主。所謂合宜打扮，就是指以「TPO原則」（時間〔Time〕、地點〔Place〕、場合〔Occasion〕）來思考，服裝搭配要讓對方看了不會覺得格格不入，換句話說，就是要讓你的打扮能夠融入當下場合。

舉例來說，IT（資訊科技）新創公司的員工，穿著T恤及牛仔褲就去向主管進行電梯簡報，感覺好像很有個性，若是在公司內部的話，確實沒有什麼問題。因為有不少這個領域的公司，從老闆到基層員工都是以這身打扮來工作。

但是，若要向外部人士進行電梯簡報的話，那就另當別論了。例如，像是股東大會或是國家儀式大典這類場合，出席者全部都身著襯衫正裝，一派正經，你會選擇穿什麼？電梯簡報的重點之一，就是要懂得配合對方及TPO來選擇合適的服裝打扮。

這裡和大家分享一則趣聞軼事，比

▼ 流行打扮與合宜打扮的區別

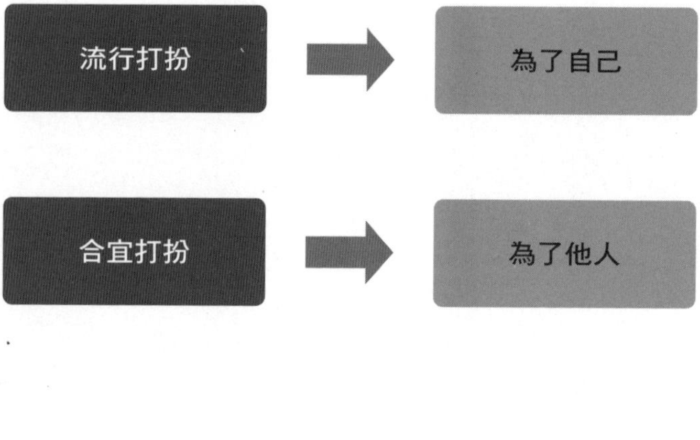

爾・蓋茲曾經為了商談業務合作，前去拜訪國際商業機器公司（International Business Machines Corporation，以下簡稱ＩＢＭ）。當時的微軟還只是個新興企業，公司文化也是大家都穿牛仔褲及Ｔ恤。另一方面，當時的ＩＢＭ已經被稱為「藍色巨人」，藍色襯衫可以說是該公司員工的基本款。

當雙方正式見面時，比爾・蓋茲穿著襯衫正裝，ＩＢＭ的人員則穿著牛仔褲及Ｔ恤，雙方都考量到對方的背景，而特意在服裝上做了選擇，結果造就出如此有趣的結果。

順帶一提，我在大學授課時會穿上白袍。我的專業領域是社會科學，並不會進行化學實驗之類的課程。那麼我為什麼要穿白袍？其中一個理由是，在寫板書時，避免粉筆灰飛到身上會太明顯，另外一個理由則是，為了讓自己看起來像大學講師。

有些人對於大學講師的印象，就是會穿著像研究員的白袍上課。當你的穿著迎合了對方的某種既定印象，就會在不知不覺中慢慢洗腦對方，讓你的言行會更有說服力。

若是你已經知道你的對象對於某些身分，抱有什麼樣的既定印象，那就盡可能迎合他，這也是很重要的一環。

3 乾淨，就是最安全的打扮

相信經過前文的分析，你應該已經充分理解合宜打扮的重要了，但我想有些人可能有點抗拒刻意打扮這件事，例如我會刻意穿白袍。其實你也不需要過度擔心。電梯簡報的時候，最適合安全牌的裝扮，且實際上只有少數人會刻意穿著奇裝異服，除非有什麼特殊情況，否則一般裝扮即可。刻意追求奇裝異服，才是失敗的主因。

「安全打扮就是最棒的打扮」，不知道該穿什麼才好時，請想起這句話，「不要讓對方覺得你格格不入」、「不要讓對方看到你就想扣分」，這些才是你最要記在心上的重點。

看起來很寒酸、外貌看起來髒髒的、一看就覺得沒有在注意TPO，這三種打扮肯定都會讓簡報失敗。不管你多有想法，只要穿了不合時宜的衣服，就會讓別人對你的信賴扣分；不管商品提案多麼優秀，若你整個人看起來不整潔，別人就是不會買帳；不管你的業績有多漂亮，你穿著皺巴巴的襯衫，別人看了只會覺得「這人是發生什麼事了嗎……？」因而不信任你，不管哪一種，都會讓你吃上閉門羹。

服裝選購也是對自己的一種投資，但絕對不是要你買高價的衣服或配件。比起名牌精品，更重要是的適合的服裝，打扮得體，讓你看起來很穩重，這也是我一直反覆論述的，適宜的打扮，其實是在為對方著想。

我至今接觸過非常多位企業的高階主管、老闆，位居經營層要職的人，而他們在外表打扮上，令人意外的都相當普通（正面的意思）。

奇特的髮型、混搭的不成套西裝、深茶色靴子、招搖浮誇的襯衫、品牌LOGO很明顯的領帶，這些顯眼的打扮，都不會出現在高階主管們的身上，他們反而會讓人感覺是刻意穿著普通、不顯眼的服裝，即便是出席其他場合，他們的打扮都會與環境融為一體，沒有人過於突兀顯眼。

電梯簡報也是如此，雖然裝扮很重要，但這不是時尚大賽，不需要靠服裝來出奇制勝，簡報勝負的關鍵，在於你自己，因此，在穿著打扮上，以不扣分、不出錯為優先吧。

4

一套正式西裝，讓我完成一百五十萬日圓的交易

日本近年來推廣「清涼商務」（Cool Biz）有成，越來越多商務場合已經不再強制一定要穿整套西裝，尤其到了夏季，在街上越來越少看到西裝筆挺、打領帶的商務人士了。

公司對於員工的辦公室穿著也越來越寬容，我想，今後可能只有少數的特殊場合，才需要穿著正式西裝吧，而在這樣的趨勢下，年輕一輩的商務新手，對於穿西裝這件事，大概都會覺得「這年頭還要特地穿西裝，好老派啊」，事實上，在商務場合中，西裝有很大的威力，它能讓你在心理上獲得極大的助益。

我曾經利用電梯簡報，談成一場交易金額一百五十萬日圓的商談。一個陌生人突然說想要進行交易金額高達一百五十萬日圓的商談，還要對方當場立刻同意，這本來是近乎奇蹟般不可思議的事情，但是我當下就得到了對方的同意，並順利完成這場商談。

事後我回想起這段往事，決定鼓起勇氣去詢問對方：「為何您當時會如此果斷就答應這筆交易呢？」對方的回答讓我非常出乎意料，「關鍵就是你有好好穿著正式西裝啊。除了參考你過去的實績紀錄，你給人的外表印象也很重要。看你穿著正式西裝，筆挺又合宜的樣子，讓我覺得你這個人，以及你所提供的資料應該值得信任，直覺覺得可以相信你。」這個回答讓我一瞬間瞠目結舌，但與此同時，我也深切感受到西裝的威力。

像這類的例子其實不勝枚舉，但還是有不少人都小看西裝的威力。不要用「太熱」、「穿西裝太緊繃了」、「喘不過氣」等理由逃避穿西裝。這種行為在我眼裡，就像是投手投了一個超直的好球，結果你還揮棒落空一樣。

古馳（GUCCI）、愛馬仕（HERMÈS）、湯姆・福特（TOM FORD）、保羅・史密斯（Paul Smith）……我在前面也有提到過，沒有必要花大錢買要價幾十萬，甚至幾百萬的名牌西裝，這些高級名牌有時候反而會帶來反效果。比如，當你要去面試，就算你穿的高級名牌西裝是別人送你的，但你試想一下，一個求職者身穿要價兩百萬日圓的西裝來面試，面試官肯定也會覺得哪裡不太對。穿西裝也要遵守TPO原則，記在心上準沒錯。

在選購西裝時，要注意的重點就是「合身」。

西裝最重要的基本要素就是合身，最糟的就是穿了尺寸過大的西裝。穿太寬鬆的西裝，不只印象扣分，還會讓人認為很俗、一點也不可靠，比起現成的成衣整套西裝，訂製西裝當然最好，不過半客製西裝的話，大概平均三萬至五萬日圓就能買到。

西裝要合身！
以下幾個重點千萬別錯過！

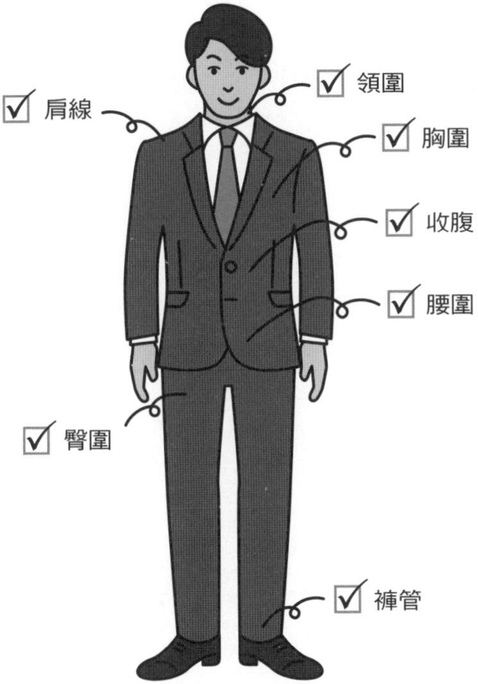

5 在哈佛大學，你看不到胖子

二〇二〇年，新冠肺炎侵襲全世界。學校停課、遠距工作、居家辦公、在家防疫等各種「宅型態」興起，相信應該有不少人宅在家防疫的同時，體重也隨之上升了吧。

我也是體重上升的人之一。我原本一直有在去的健身房突然停業，這對我的影響還滿大的。

話說回來，常言道：「在哈佛大學，看不到胖子。」據說是因為不想被別人認為自己無法自我管理，所以哈佛的精英們都很注重自己的體態。

我曾經就近觀察過將近三百名學員練習簡報，當中也包含哈佛大學的學生、畢業生，在他們之中，確實沒有人身材肥胖。據說他們會採取各種健身方式，將其融入日常生活中。

去健身房是基本，有些人甚至還會請個人健身教練一對一指導。另外，當你的簡報對象是屬於高階管理層的人時，你的健身習慣會為你帶來意想不到的好處，那就是成為你與人聊天的話題。

高階管理層會感興趣的話題，除了美食，健身也不在少數。畢竟愛好美食的人，連帶的會對健康管理感興趣，進而也會想聊健身話題。

不誇張的說，健康話題就是高階管理層最喜歡的話題之一。為了今後你能夠加深你與高階管理層的人際關係，從現在就開始培養日常健身的習慣吧，肯定會有幫助的。

肥胖身形對電梯簡報，也會有不良的影響。

- 體力低落。

- 倦怠感強烈。
- 外表扣分。

以上幾點都是疏於日常鍛鍊所造成的缺點。

當你還是十幾、二十幾歲的年輕人時，多半都小看保健身體的重要，但是當你的年齡越來越往三十、四十歲邁進時，你對身體機能的退化會非常有感。

要想讓每一次的電梯簡報都能成功，就必須有「天天都是決戰日」的覺悟，讓自己經常維持在備戰狀態，

▼ 保持固定健身的習慣

而藉著每一天的健身習慣，也能為你帶來一些好處，像是說話時丹田更有力、全身充滿活力、強化集中力。去健身房是一個不錯的方式，而也有不少方法可以自我訓練，像是騎腳踏車上班、慢跑、自主重訓，這些方法都能為你帶來顯著效果。

讓自己培養健身習慣、強化體魄，訓練自己隨時處於備戰狀態，這樣不管何時進行電梯簡報，都能讓你攻無不克。

▼二十秒電梯簡報

□進行電梯簡報時，對方看見你的第一秒，就已經決定了對你的第一印象，因此你的外表很重要。

□流行打扮是為了自己，合宜打扮是為了他人，切記，電梯簡報所注重的穿著原則為ＴＰＯ。

□選擇衣服的最高原則就是選安全牌，千萬不要讓對方感覺你格格不入。

□西裝能夠讓你獲得好印象，尤其正式的商務西裝，其威力不容小覷。

□日常健身訓練，能讓你說話時丹田更有力、全身充滿活力、強化集中力等，讓你進行電梯簡報時更如虎添翼。

□就算無法去健身房，騎腳踏車通勤、慢跑、自主重訓等，也是很好的日常健身方式。

Chapter 6

靠手勢、音調，為你的簡報加分

1 福利法則表達方式，避免答非所問

在電梯簡報中，說話方式也是相當重要的一環。

電梯簡報所追求的並不是無謂的長舌對話，當然，要能持續與對方交流，也是一件重要的事情，但重點不是講越久越好，關鍵在於是否能正確表達，尤其是在對方提問、你要回答時，當場就能看出你的表達能力。

「面對問題，正確回答」，這個比你想像中還要難，即便是東京大學的學生，或是人稱門檻超高的外資金融企業的精英社員，也經常答非所問，這多半是因為不懂表達方式的結構所致。

因此，我建議可以使用「福利法則」，來改善自己的表達方式，這是任何人都可以簡單學會的法則，如下圖所示。

取其每一個日文單字的第一個字母「FKRI」，發音就近似福利（FUKURI）。我希望所有人都可以透過電梯簡報來獲得幸福與勝利，而懷抱著這樣的心願，才將這套方式命名為福利法則。若能將這套法則融會貫通，相信你的表達能力會大幅提升。

另外，為了讓任何人都能輕鬆使用，我特別加以改進，簡直可以說是特地開發了這套法則。

接下來是各項目說明：

1. 複誦

就是將對方提出的問題，再重複說一次。

有很多人在面對他人的提問時，會一股腦急著

▼ 福利法則表達法

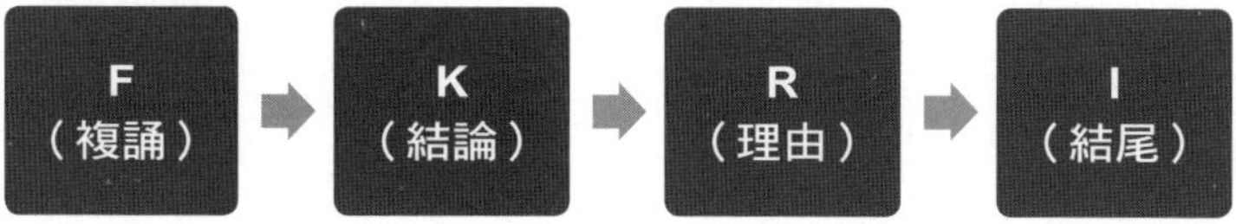

說出自己的回答，在那個當下，提問者反而會覺得：「這人有沒有在聽我說話啊？他有聽懂我在問什麼嗎？」而你的簡報也會在那瞬間被宣判失敗。

基本上，你應該先徹底掌握情報，而非急著擅自解讀，或延伸對方的問題。鸚鵡會完全模仿人類說的話，人類說什麼鸚鵡就說什麼，我希望你就像隻鸚鵡，原原本本複誦對方的問題。舉個例子，當對方提出：「請問你這個企劃最大的優點是什麼？」你要怎麼回答？

這時，你最理想的回答方式應該是：「我這個企劃最大的優點是……。」先複誦一次，再繼續說你的答案，就這麼簡單。僅僅只是改變了這一個小地方，就能讓你不再答非所問，對方也會覺得你有在回答他的問題。最重要的是，這能強調你現在就是在針對他的問題做回應，而且多花一、兩秒複誦對方的問題，也能為你自己爭取一、兩秒的時間重整思緒，可說是一石二鳥的好方法。

誰都能像隻鸚鵡一樣複誦對方說的話，但其實很多人並沒有好好實踐，這也是雙方在溝通時，常常會發生答非所問、離題等狀況的原因。

相信大家多少都有被出其不意的提問，給嚇到不知所措的經驗吧？人在被意外狀況突襲時就會露出破綻，也有些人會故意出其不意、提出意料之外的問題，藉此觀察你的反應，此時若你立刻面露驚慌，明顯就是一副不知如何是好的樣子的話，那你就輸了。

就算內心慌張，你還是要保持淡定，不急不徐的複誦對方的問題，然後利用這短短幾秒的時間，重整思緒，再好好回答問題。

2. 結論

就是將你答案中的重點傳達給對方。

「所以你的結論到底是什麼？」大家是否有被他人如此質問過？尤其電梯簡報的時間通常又快又急又短，對方耐著性子聽你講完話，卻發現你的內容沒有重點，那你就糟糕了。

因此，強調先說結論的福利法則，就是為了電梯簡報而生。要闡述結論時，重點就是用一句話來表達你的結論重點。有些人就算照著福利法則來說，卻還是常常讓別人搞不清楚結論到底是什麼。所謂結論，必須簡潔易懂，抽象、曖昧的說法，只會徒增對方的疑惑與困擾。

前面提到，當你被問到：「你這個企劃最大的優點是什麼？」時，你的結論應該要像這樣：「一言以蔽之，就是可以將影片，以比現在還要快一倍的速度，讓客戶在線上收看。」簡潔、俐落的結論與態度，肯定能讓對方留下好印象。

回答別人的質問也是一樣。例如，當對方已經很明白的問你是 yes 或 no，而你的反應卻是「我無法回答」，這就是答非所問。對方會這樣問，就是想要聽到你二選一、直接的回答。

不論是一鼓作氣或賭一口氣，你都必須明確又直接說出答覆。模糊不清的答案，只會讓對方覺得跟你說話是在浪費時間，進而認為你這個人很不得要領、講話不清不楚；相反的，若你的回答很俐落明快，對方會更有意願與你進一步談下去。

另外，比起說「這就是我的結論！」改說「我先說結論」這種稍微有點鋪陳的說法，也會讓氣氛比較不緊張。

3. 理由

是指用來支撐你結論的根據。

不管你表現出多強烈的自信，希望對方相信你的提案，但對方畢竟與你不熟，不可能輕易信任你，況且電梯簡報大都是雙方初次見面，光是能說上話就非常不容易了，更遑論立即信任你這個人。通常對方都是半信半疑的在聽你說話，不，我想有八成是抱著懷疑的態度在聽你說，因此，為了讓對方相信你的結論，理由（根據）就很重要了。

「我會做出這個結論是基於……」、「我的結論是……理由……」，在說完結論之後，就緊接著闡述理由吧。當你說完理由後，一定要再帶回結論，注意前呼後應。用字遣詞可以簡單一點，用「因為所以」這個句型也沒問題，有時候就算你的簡報對象是母語人士，淺白簡單的詞彙也有助於對方了解。

總之，務必要記得前呼後應。另外，在闡述理由時，列舉三項理由，會是最有說服力的方式，而闡述理由的順序，一定要從弱到強，效果最好。

從結論到理由，述說節奏若能掌控得宜，就會產生非常強大的說服力。

第一個理由（弱）。
↓
第二個理由（中強）。
↓
第三個理由（大強）。

▲ 理由要從弱到強

4. 結尾

表達出「我的簡報到此結束」的訊息。

在該結束的時候好好結尾，也避免讓對方處在狀況外，沒跟上你的節奏。畢竟若是對方一臉「欸？就這樣？報告結束了嗎？」這絕對不是一個好結尾。

每一次的發言都做好結尾，有助於你掌握整場報告的節奏，不過，這也並不是絕對，有時候也可以視對方當下的反應來調整，若是對方很明確知道你的報告已經結束了，那省略也沒關係，過度一直強調結尾，反而會讓別人覺得你很咄咄逼人、不知進退，這方面就只能靠你臨機應變。

電梯簡報的結尾，可以用感謝的話語來表示，例如，「冒昧前來打擾，感謝您撥空接見。」、「感謝您百忙之中抽空面談，非常謝謝。」、「承蒙您寶貴的時間，非常感謝今日與您見面。」簡潔明快的感謝，就算是社交禮儀用語也沒關係，但千萬別唸得死板且毫無感情，請務必滿懷真心誠意說出感謝的話語。

很高興、很榮幸、很有趣，正面樂觀的詞彙，也會在無意中影響對方對你的每一個評價，也能幫助你的電梯簡報又更上一層。

俗話說「過程不重要，結局好就是好」，不過用感謝的心情來做結尾，也是為了給對方留下好的餘韻及印象。

以上就是關於福利法則的說明及介紹。

我敢說只要好好運用這套法則，就能讓夠你大幅縮短對話的時間，並且確實傳達想法、建立良好互動喔！

2 搭配五種手勢，對方一定印象深刻

大家都知道說話方式很重要，但不是只有說話很重要，所謂口頭溝通，其實可以分為三個部分：

- 文字語彙訊息。
- 聽覺訊息。
- 視覺訊息。

文字語彙訊息，如同字面意思，就是你的用字遣詞；聽覺訊息，指的

是你說話時的音量、語速、抑揚頓挫、氛圍等；視覺訊息，指的是你的表情與服裝打扮等，手勢也歸類在視覺訊息中。

當你與別人溝通時，手勢可以幫助你，讓對方更容易了解你所要表達的內容，但不只有手，身體、四肢，甚至眼神交會，都包含在內。

日常生活中，我們已經非常習慣使用文字語彙訊息，也就是靠說話來傳達意思。但是，說話再加上手勢，對方更能夠感受到你的情緒、熱忱，更有助於理解你的內容。

不要只依賴文字語彙訊息及聽覺訊息，也要好好活用視覺訊息，下面列舉五種常見的手勢（參考左圖）：

①用手指明確指向你想要強調的部分，用來引起對方的注意；②當想要描述商品的大小、形狀時，用手的動作來形容，讓對方容易想像；③藉由模仿動態動作，例如起伏、波浪、搖擺等，用來讓對方更進入狀況且留下印象；④當說到接下來有幾項重點時，藉由手勢表示數量，能夠讓

▼ 說話搭配手勢，有助於對方理解

① 表示強調的手勢。

② 形容物體的手勢。

③ 表示動態的手勢。

④ 表示數量的手勢。

⑤ 表示象徵意義的手勢。

對方容易在腦中整理資訊及情報；⑤就是常見的勝利手勢，或是鼓舞的手勢，用來提振士氣，或是強調具象徵意義的精神喊話等。

靈活運用手勢，你的電梯簡報就能夠更強力的打動對方。不過，要注意的是，無意義的隨便擺動，只會讓對方混亂、搞不清楚你現在在幹嘛，你的手勢務必要配合簡報內容來使用。

3 你得說出氣勢，但不是大聲

電梯簡報很需要氣勢，但大聲說話不一定就代表有氣勢。

有些人認為大聲說話，才能讓對方對自己留下好印象。我猜可能有些人，在外面上過一些簡報指導課程，老師會教他們報告時要大聲說，但這根本是天大的誤會。

當然，我們確實要避免說話太小聲導致對方聽不清楚，但是過於用力大聲說話，只會造成反效果，尤其是在電梯簡報的場合，對方可能還在想你接下來要說什麼時，你突然放開音量大聲報告，有很高的機率會嚇到對方，不是嗎？

萬一對方是年長的長輩，難保不會被你的大音量給嚇到心臟病發……雖然這應該不太可能。

先別提是否會嚇到人，過大的音量，很可能從一開始就會讓對方感覺不舒服，一旦對方的感受變負面，之後情勢就很難挽回了。電梯簡報所追求的是適度的音量。不要太大，也不要太小，剛剛好最重要。適度的音量，能讓你的演說更精彩，更能打動對方的心。

請大家想想深夜時段廣播節目ＤＪ的聲音。

深夜ＤＪ們的音量都讓人聽了覺得很舒適對吧？如果深夜ＤＪ們用近乎噪音般的大音量廣播的話，那會怎麼樣？聽眾們應該會立刻換頻道或是關掉不再收聽。

深夜ＤＪ廣播時的音量，就是適當的音量，會讓人即便在夜晚也願意一直聽下去。另一方面，若是白天時段的節目，那麼音量就要大聲一點、音調高一點也無妨，視狀況調整自己的音量，也是很重要的事情。

只不過大多數的人，除非受到指責或有旁人特地提點，不然通常都不太清楚自己的音量到底太大還太小。自己自以為的音量，與他人聽在耳裡實際的音量，往往有落差。

那麼，我們該如何調整，才能讓自己的音量維持在最適中的程度？方法很簡單，找一位你能夠信賴的人，請他幫你聽聽看，然後給予你客觀的答覆就行了。另外，若是你已經事先知道簡報場所，建議你可以提前先去現場看一看、試音，有些場地會加強室內隔音，視場地狀況條件，先掌握好自己報告時的音量。

若能做到這個地步，相信你的用心一定也能反映在你的簡報成果。

4 可以小聲，但要有穿透力

日本甘樂（KANRO）股份有限公司曾做過關於聲音的市場調查，發現有七成以上的日本人認為，聲音好聽的人，感覺工作表現也會比較好，由此可見，好聽的聲音，對於電梯簡報是個加分項。

電梯簡報重視的是聲音的穿透力，單純音量大，不代表擁有穿透力。

想像一下，你現在在一間人滿為患、非常熱鬧的居酒屋裡，你想要點菜，你覺得你已經大聲叫喊，但服務生就是聽不見你的聲音，於是你更用力、把自己的音量提高，但服務生就是不回頭看向你的位置，你的聲音彷佛都被周遭客人的嘈雜聲給吞沒。

▼ 目標是有穿透力的聲音

另一方面，有些客人感覺並沒有很用力大聲叫喊，但服務生卻能很快聽見、馬上應對，這就是聲音的穿透力。

電梯簡報的最終目標，就是適度的音量，搭配聲音的穿透力。這是可以透過練習來加強的。

雖然無法輕易改變與生俱來的聲音本質，但是透過後天的努力練習，仍然可以提升聲音的穿透力，但你若只會毫無技巧的大聲喊，這種錯誤的練習法，反而只會傷害喉嚨而已。

要練習正確的發聲方式，首先你得先去一個不管怎麼大聲喊，都不會影響他人的地方，我推薦你去「電話亭KTV」。

有了可以安心大聲的環境後，接下來就是要進行放鬆喉嚨、讓聲帶全部打開、用腹部呼吸鍛鍊肺活量等呼吸法的練習。

所謂呼吸法，首先就是要盡全力吸氣、能吸多少就吸多少，用力吸飽氣之後，再用盡全力把聲音大聲喊出來，在喊的同時，要一邊想像「要把聲音傳到遠方」。聲音的穿透力，換句話說，也就是響亮的聲音。

如果你家浴室可以泡澡，也可以在泡澡的時候練習，雖然還是得注意不要給鄰居添麻煩，不過在浴室練習發聲的效果也很不錯。

具體來說，你可以試試下列五個步驟：

1. 連續十秒發出「啊——」的聲音。
2. 連續十秒，用低音發出「啊——」的聲音。
3. 嘴巴張到最開，連續十次發出「咿、欸、啊、喔、嗚」。
4. 嘴巴張到最開，用低音連續十次發出「咿、欸、啊、喔、嗚」。
5. 最後，哪個音你發得最吃力，就練習用低音發十次那個音。

持之以恆每天練習這套練習法的話，相信在不久的將來，你在簡報時的聲音，一定會變得非常響亮且具有穿透力。

▼二十秒電梯簡報

□將福利法則融會貫通，靈活運用在說話的時候！

□複誦：像鸚鵡般複誦對方的問題，避免答非所問，同時也爭取時間，在腦中重整思緒。

□結論：善用一言以蔽之，為了讓你在闡述結論時，更能讓聽眾注意，也可以先講「我先說結論」。

□理由：三個理由不多也不少，順序必須由弱到強。「我會做出如此結論，是基於什麼理由」，記得結論與理由必須前呼後應。

□結尾：為了避免聽眾搞不清楚狀況或是分神，每當講完一個段落，都要做個結尾，臨機應變調整最為理想。最後整個報告結束，建議用感謝的詞語收尾，可讓人留下好印象。

□說話搭配手勢，更能讓聽眾感受到你的熱情與誠意，也有助於理解你的報告內容，好好運用前面提到的五種具代表性意義的手勢吧。

□電梯簡報所追求的是適度的音量，找你可以信賴的人幫你聽聽看，客觀的意見回饋，有助於你調整自己的音量。

□要先清楚知道自己聲音的極限，然後練習想像能傳多遠就傳多遠，再用力發聲叫喊。

Chapter 7

錄影、打逐字稿，這是最好的練習

1 練習占八成，上場占兩成

知名的法國物理學者，皮耶・居禮（Pierre Curie）曾說過：「機會是留給準備好的人。」

任何人都可以進行電梯簡報，只要了解電梯簡報如何構成，就絕非難事。但是，要將箇中奧妙一一融會貫通、內化成自己專屬的技能，絕對需要練習，這也是我一直想要透過本書傳達的重點。讓電梯簡報成功的關鍵，在於你熟能生巧，而非所謂的才能、天賦，甚至可以說，有自覺自己欠缺天分的人，反而會更有熱忱及動力去勤能補拙。

有一位將電梯簡報運用得非常得宜的人士，我與他懇談之後發現，他可是大量的反覆練習，才有現在的成果。究竟是多大量的練習？大概是到嘔心瀝血的程度吧。

以前，我曾經聽過有人說：「電梯簡報就是練習占八成，上場占兩成。」我覺得這話真是說得太妙了。

「正式上場我反而發揮不出實力」，會說這種話的人，反而會讓別人懷疑他是否根本就沒有實力可言。說到底，這都只是練習不足、準備不足的藉口罷了。應該說，若是你把每一次的練習都當成正式上場，那麼到了真正上場的那一天，你就不需要擔心發揮不出實力。你的電梯簡報的成敗，有八成取決於你每一次練習的累積，這麼說一點都不誇張。

正式上場的時候都必須拿出一〇〇%，或一二〇%的氣勢，但也是會有怎樣都拿不出氣勢的時候。就像是完全沒有經過練習就要上場比賽，結果你只能佇立在臺上那般悽慘。

我前面提到的那位擅長電梯簡報的人士，他在正式上場之前，都是經過一天十次、甚至幾百次的大量練習，直到迎接正式上場的到來。他之所以夠格被稱為電梯簡報達人，就是因為他的成功率比其他人高出太多。

你做準備的質與量，都將大大決定你的電梯簡報內容的成敗，就算是平常很能言善道、伶牙俐齒的人，突然叫他上臺，也一樣會失敗收場。唯有大量的練習，才能支撐你在正式上臺時得以發揮。

當我開始開班授課，進行

▼ 正式上場前，需要投入大量練習

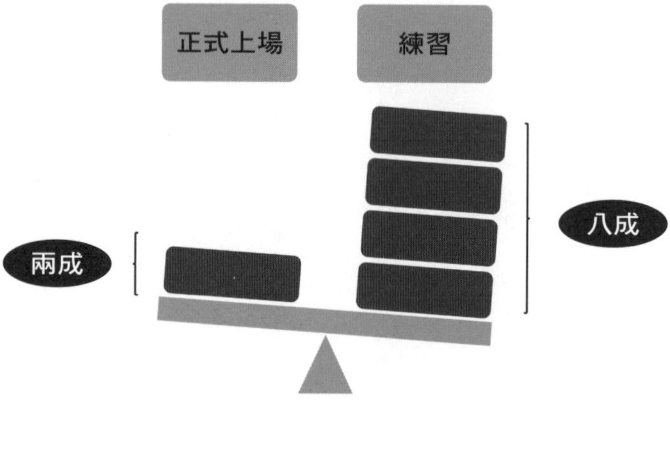

簡報的指導教學之後，有學生來找我懇談，以下是我們的對話：

學生：「我最近簡報都很不順，手感很差。」

我：「你有很充分練習過才上場嗎？」

學生：「有啊，在正式上場前有練習了兩、三次吧。」

像他這樣想的人，不是只有學生，社會人士也不少。

不懂足球的門外漢，就算花了數小時練習運球，也不可能正式上球場跟職業球員一起競賽，要是真只練習了數小時就上場，應該會被球員怒罵：「你把我們這些職業的當傻子嗎？」然後就被轟出去了吧。

電梯簡報也是同樣道理，這才不是什麼感覺不順、手感差，單純只是練習不足罷了。

2 打逐字稿，抓出你的廢言廢語

要能善用電梯簡報，比起埋頭苦學，更重要的是將其變成習慣。習慣需要一定程度的時間累積，但學習任何技能都一樣，當你經過了一定時間的學習、熟練程度超過某個門檻後，這項技能就會變成你的一部分。

接下來，就讓我具體介紹電梯簡報練習法。

首先是活用智慧型手機的練習法，這個方法對於從未客觀審視過自己的人特別有效。你腦海中認為的自己，與別人眼中的你，可能天差地別。因此，我建議你使用智慧型手機的錄影功能，將自己演說簡報內容的過程及模樣都錄下來，從客觀的角度好好審視自己，並且在錄影之後，別忘了要打逐字稿。

逐字稿，就是把你在影片中所說的每一句話、每一個字都一字不漏的打下來。可別小看這道功夫，反覆看影片、再對照逐字稿，每看過一次，你肯定都能找出修改的地方，如此重複，相信你的報告會越改越好。

錄影、錄音，打成逐字稿，這就是模擬練習的流程。

▼ 透過錄影功能幫助自己

• 透過錄影來客觀審視自己。
• 利用逐字稿來確認自己說出來的內容。

如此反覆練習，一次又一次改善缺點。如果是報告時間短（數十秒）的電梯簡報，那逐字稿的字數大概幾百字，處理時間大約十分多鐘足矣。

在打逐字稿時，重點是記錄自己所說的話，並且要自己看得懂，不用擔心太雜亂。不用電腦打字，改用廢紙的空白頁來寫也可以，雖然逐字稿需要花點心力時間，但是將自己說的話化為文字，你才能察覺自己哪裡怪、哪裡需要調整改進。

剛開始的時候你應該會忍不住懷疑：「這真的是我講出來的話嗎？」這時就是自我檢視的好機會，看看你是否也有下列的毛病吧：

- 講太多次這個（這樣）、那個（那樣）。
- 「然後」、「接下來」等接續詞用的時機不對。
- 用了太多意義曖昧不明的詞彙。

比起只用耳朵聽，用讀的才更能察覺怪異之處，因此逐字稿這道功夫還是有其價值的。

3 嚴格守時，多一秒都不可以

我在第五十八頁的內容提到，電梯簡報的基本戰略就是藍海戰略，任何人都可以自由競爭，也因此，當中不存在任何強硬束縛的規則。但唯有一項例外，那就是嚴格守時。

不管對象是誰、什麼時間、什麼地點、什麼狀況都一樣，嚴格守時可以說是普遍、最基本的絕對守則。假設你在拋餌時，你說：「不好意思，可以打擾你二十秒左右的時間嗎？」那麼你就一定要嚴格遵守。若你辦不到，你超時多久，你離電梯簡報成功的機率就有多遠。

一流的藝人或是主播，突然被工作人員告知：「多了三十秒的空檔，拜託快說點什麼！」他們也都能守住時間，並漂亮完成任務，因為他們用身體的感覺就能判斷，三十秒大概多長，這也是日積月累的成果。

一般外行人就算趕鴨子上架、硬是開口說些什麼，也許一開始別人還願意聽一下，但只要超過時間，就會被迫喊停，談話最後仍宣告失敗，這種悲慘例子不少。

在正式上場前，如果有好好下功夫徹底準備的話，相信你應該可以掌握好時間，若是連這點都做不到，很可惜，你幾乎可說是「出師未捷身先死」。在簡報時請務必牢記，一分一秒都是生命，千萬不要浪費別人的生命。

為了練習掌控好時間，第一步就是先做出流程時間表，然後照著流程時間表好好演練、修正。時間分配，建議一定要依照階段分配清楚，例如像下頁圖示，以秒為單位來分配，圖例是以要向出版社提案企劃、進行電梯簡報當成範例。

▼ 時間分配圖

釣餌	3 秒	您是 M 總編輯嗎？不好意思打擾您約 20 秒的時間。我目前有一個新書企劃，保證可以銷售 2 萬冊以上，我已經完成底稿了。希望您能看看（順勢遞上一張 A4 企劃書）！
重點 1	4 秒	我的提案就是與 YouTube 連動，專門為大學考生打造的嶄新面試攻略書！
重點 2	4 秒	目前市面上的同類型書籍中，都還沒有看到跟我一樣的內容，現在可說是奪得先機的好機會！
重點 3	4 秒	另外，也有學生人數高達 1 萬人的某補習班，願意指定這本新書作為教材，有很大的機率可以與出版社簽兩年的獨占契約！
歸納	5 秒	若您有興趣進一步了解，希望在近期內能有時間正式拜訪您（順勢遞上自己的名片）。

在採取電梯簡報時，寧願你提前講完，也好過時間到了卻講不完。最常見的失誤就是，花太多時間在拋餌及重點的部分，結果最後來不及歸納，因此，建議你在前半段盡量時間抓緊一點，多留一點時間給後半段會比較保險。

4 找個對象，徹底模仿

你有聽過日本的「守、破、離」思想嗎？

在日本文化中，這是用來表示修業學藝的三個不同階段之心境及表現，日本的茶道、武道經常都會提及此思想。

第一階段的守，是指忠實遵循師父的教導，將所學一切都徹底傳承複製；第二階段的破，是指傳承傳統的同時，再加上自己的見解及創新，加以改進；第三階段的離，是指跳脫固有框架及傳統束縛，創造出獨一無二的「我流」。

如果你想要成為電梯簡報達人，第一步就是模仿電梯簡報達人。模仿絕對不是壞事，也不需要感到羞恥，所有的學習都是從模仿開始。至於要模仿誰，會讓你想變得像他一樣的對象，就是值得你模仿的對象，例如你的直屬主管、客戶端的精英員工、有名的講座講師、暢銷業務講座的講師。

如果你已經找好學習對象，那麼接下來就是徹底模仿他，在你能夠百分百複製對方的言行舉止之前，千萬不能半途而廢。想要達到某種境界，就一定得付出相當程度的心力，因為你不能只有學表面，

▼守、破、離思想，助你成為達人

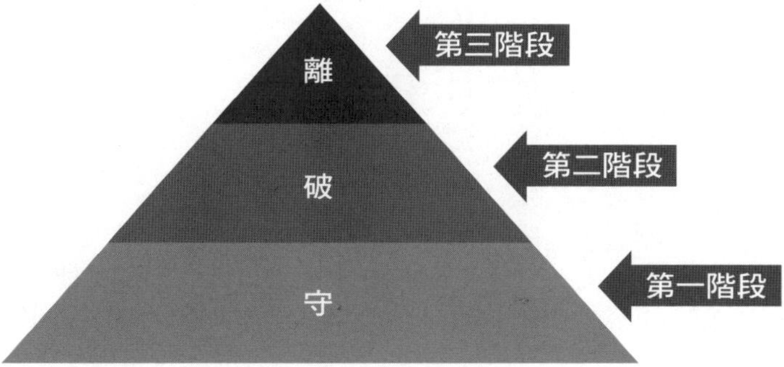

必須模仿到整個內化成你的一部分才行。

日本知名的實業家澀澤榮一曾經說過：「模仿不能只學其形，須學其心。」也就是說，不能只學習模仿對象的表面行為，還必須去學習對方的內在，半調子的模仿，只會讓你被扣分，因此你必須全心全意觀察對象的一舉一動，絲毫不能錯過，至於輔助方法，就是去看你模仿對象的談話影片。

若是你的模仿對象很少上電視，那你可以去 YouTube 搜尋，應該能找到相關影片。如果你的模仿對象是你的主管，你也可以徵求他的許可，在主管簡報時，讓你在旁觀摩學習，甚至是錄影。最重要的是，除了用心看，也要用心學，將模仿對象由外到內全部都學起來。

▼**二十秒電梯簡報**

□在正式上場前必須反覆不停練習。

□善用智慧型手機，利用錄影、錄音，打成逐字稿這套模式，反覆練習之餘，同時也客觀審視自己吧。

□守時，是電梯簡報最基本的原則。依據每個環節分配時間。

□模仿不能只學表面，觀看對象的談話影片，徹底觀察學習。

Chapter 8

這次沒成功，再找下一個 20 秒

1 注意口中的氣味

在正式上場報告的日子，你必須注意的是飲食。

在正式上場前，你要吃些什麼？第一個重點，就是千萬別吃氣味濃烈的食物，特別是像蔥或蒜這類氣味強烈的食材。其實，最好從正式上場的前一天，就要開始注意飲食，具體就是少吃不好消化的食材，或是不要吃生食，要避免一切吃壞肚子的可能。「在關鍵時刻突然肚子絞痛，咬牙忍痛、汗流浹背還是要繼續講……」，這種情況可不是開玩笑的啊。

再來，也要注意食量，千萬不能吃太飽。吃太飽反而會影響你的精神，導致你無法全力發揮，因此吃個五分飽就好了。順帶一提，我在簡報當天，直到報告結束前，我都不會進食。其實電梯簡報並不會花太長的時間，因此在報告結束前都不要吃東西，我覺得比較安全。

最後，你也要注意進食完畢後，口中的殘留氣味，也就是口臭。很多人很難察覺自己是否有口臭，但可以肯定的是，絕大多數人對口臭都會有負面評價，就算你擔心自己有口臭，而改用手掩著嘴巴說話，但這樣子實在不好看，建議你還是別這麼做。

最好的辦法，就是進食後，仔細好好刷牙，至少花個二十分鐘（有些牙醫會建議三十分鐘）好好的刷牙。

除了口臭，也要注意是否有體味，我想這點也是基本常識。特別要注意，有些人為了掩蓋體味，會刻意噴香水，我認為這不是好方法。

電梯簡報需要優先考量到對方，自己的喜好必須先拋諸腦後，你自己喜歡的香味，有可能是對方很討厭的味道，這點不可不慎，另外，香水也要適量，絕對不是噴越多越好，過量反而氣味太濃烈，若讓別人受不了的話反而是反效果。到底多少用量才叫最剛好？這就因人而異了，可以說是難度相當高的一種技巧吧。

總而言之，當你總是以對方為優先考量，你自然會在飲食及氣味方面多加注意，相信這一定能對你的報告產生極大助益。

以上是我希望你在正式上場報告前注意的事項。

2 你的實力，不能敗給情緒

電梯簡報，瞬間就能定勝負。要在短短二十秒內，擊破一個個難關，若沒有事前做好戰略，絕對無法取勝。

我經常用運動員來比喻電梯簡報這件事。運動員們在正式比賽之前，每一天都奮力練習，累積自己的實力，只為了在正式比賽那一天釋放全力，一決勝負。

日本每年除夕夜都會播出名為「綜合格鬥技競賽」的節目，雖然有些選手會在預賽時刻意保留實力，但等到最後決賽時，每個都是全力以赴，甚至燃燒潛能、拚死拚活，以求得冠軍。所有選手都不例外，每一個都是將累積一年的練習與準備，毫無保留的全釋放在正式比賽場上。

將冠軍視為獵物，一旦盯上，絕不放棄，就算賽後會累到倒地、一步也動不了，也還是要拚盡全力。運動員這種瞬間釋放全力的精神，就跟電梯簡報一模一樣，正因如此，平常認真練習做準備的人，他所感受到的精神壓力肯定也與眾不同，尤其是緊張這方面。

「反正一定會失敗啦。」、「當天只能靠運氣了。」為了正式上場的這一天，而拚命努力做準備的人，會有這種沒志氣的想法嗎？所謂緊張，其實就是你到底有沒有盡全力準備的證據。

緊張可以分成兩種：害你無法發揮實力的緊張，和讓你發揮超出預期實力的緊張。雖然大多數人一聽到緊張，難免會抱持比較負面的看法，但並非所有緊張都是壞事，為了發揮一二〇％的實力，緊張也是不可或缺的要素。

很可惜，多數人的緊張都脫離不了因為焦急而說不出話，或是準備不夠充分，結果話都說不好這類窘境。如果你的緊張是屬於「我有沒有把提案內容記清楚啊？」這類型，那表示你的準備根本一點也不充分。

以下幾個方法推薦你可以試試看，將緊張轉換成正面能量：

- 聽可以提振精神的快節奏音樂。
- 吃點甜食，讓血糖上升。
- 想像電梯簡報成功的情境。

上述方法僅供參考，你也可以找出適合自己的方式。

時機，可以說是電梯簡報的生命。常言道：「機會總在瞬間突然降臨，錯過不會再有。」為了抓住這稍縱即逝的機會，多多練習如何提高自己的集中力吧。

3 多留一手，不怕沒招可用

日文中有一句俗諺：「人生有三個坡道。」第一個坡道是上坡，第二個坡道是下坡，第三個坡道是沒想到。

人生中其實充斥著許多無法預料的事情。「那個時候如果我〇〇就好了……」、「如果正式上場的時候有〇〇的話……」，勝負的世界從來沒有如果，不管你如何後悔感嘆，一切都不會重來。

為了避免事後後悔，簡報的風險管理，也是非常重要的事，要想像最壞的狀況，並思考如何預防。若你問我：「風險管理的本質是什麼？」我會說：「盡人事，聽天命。」

我到目前為止，也經歷過很多次的「沒想到」，倘若我真的盡了一切我能做的努力，最後還是不行的話，我也能坦然接受；反之，若是會想「早知道我就再更努力一點……」，就代表你沒有盡人事，當然會有後悔莫及的心情。你必須設想所有的可能，去想像各種情境，然後盡全力去準備，如此才能將事後後悔莫及的機率降到最低。

我想你接下來應該會問：「請問該如何才能將風險管理發揮最大效益？」我會建議你，面對緊急突發狀況，請預先準備好三個備案。例如，你的提案資料，同時用電腦、USB、紙本三種方式來保存，並且於報告當天，將三項備案都帶在身上。萬一報告當天，現場真的發生了意外，「備案A不行的話還有備案B，B也不行的話我還有備案C……」，就可以像這樣冷靜選擇可行的備案來救援。

永遠留一手，就不怕沒招可用，這也是電梯簡報的成功者，與其他多數人的不同之處。又例如，假設報告當天遇到電車停駛，那麼是不是可以改搭公車？公車路線也要事先調查好，這就是一種預防萬一。

當然，若是一切順利、沒有突發狀況的話，也就不需要備案登場。即便如此，建議你還是要先做好準備。

▼ 事先備好三種備案

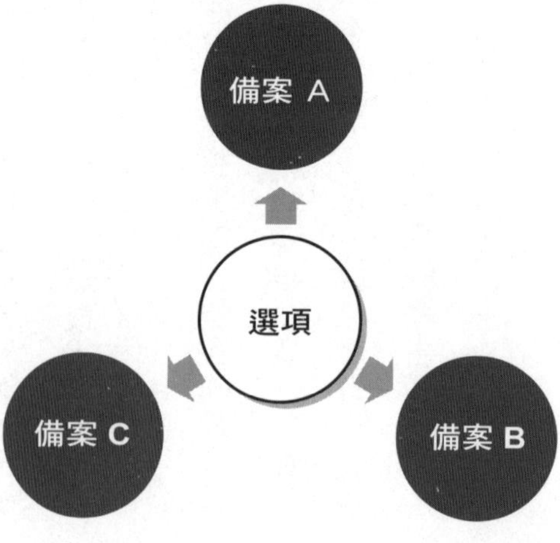

4 確保二次、三次追擊的機會

電梯簡報並沒有限制只能向同一個人報告一次，如果你第一次出擊，效果並不理想，你千萬不要就此放棄。

第一次出擊，結果差強人意，但並不代表失敗，這些都是經驗，認真分析這次出擊是否有哪裡需要改進，然後重振旗鼓，再次出擊！要好好把握第二次、第三次出擊的機會。我看過太多第一次不行、第二次也不行，直到第三次才成功的案例。

當然，若是你每一次出擊都是同樣招式，很有可能只會重蹈覆轍，因此，在每一次出擊之前，你都應該要重新擬定戰略。

- 現在真的是出擊的最佳時機嗎？
- 對於目標對象的喜好分析，真的是正確的嗎？
- 有排除場合及環境問題了嗎？

舉例來說，在第一次出擊時，對方很親切的給你回饋：「你的概念是很好，但還是有些地方有點可惜。首先，這個設計的賣相本身就不太好，再來成本估得太高，可以的話，至少得再降低三〇％，不然很難當成正式商品推出。」像這樣給你明確的意見回饋，可說是可遇不可求的好機會，因為你可以解讀成，「只要提高設計水準、再把成本降低，對方就會更有興趣、更願意和我談！」

如果你聽了對方的反對意見，就此意志消沉，覺得這下肯定沒機會，且不再繼續挑戰的話，那才是真正的失敗。

為了提高再次挑戰的成功率，你應該要重新擬定企劃提案內容，然後再次出擊，千萬不要因為被拒絕了一次後，就從此自暴自棄。

一次也好，一百次也沒關係，不管要進行多少次電梯簡報，你都一定要有自信，電梯簡報所重視的，是直到成功為止，都不輕言放棄的自信。一而再、再而三的挑戰，相信不管是多窄的門，你都一定能找到打開的門縫，看到希望的光芒，換句話說，越有韌性的人，越有機會獲得最後的勝利。

▼ 讓自己不斷出擊

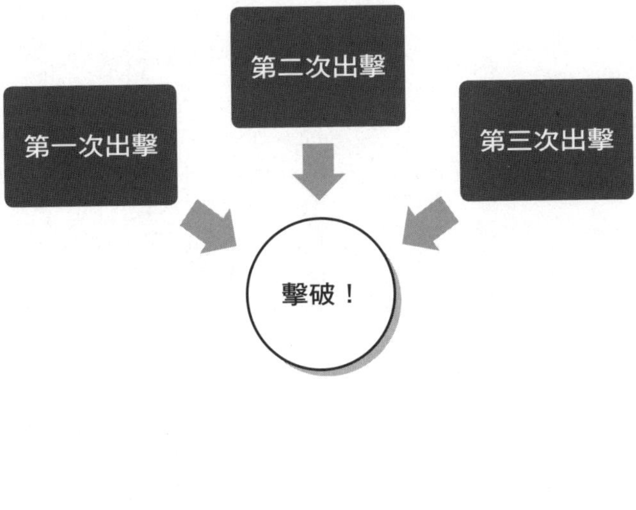

▼二十秒電梯簡報

□正式上場前，注意飲食內容、食量，也別忘記處理口臭。

□緊張有兩種，一種害你無法發揮實力的緊張，另一種讓你發揮超出預期實力。

□試著將緊張轉換成正面能量，你可以聽提振精神的快節奏音樂、吃點甜食讓血糖上升、想像電梯簡報成功的情境。

□至少準備三種方式的備案。記得留一手，才不怕沒招可用。

□電梯簡報最重視的是，直到成功為止，都不輕言放棄的自信，一而再、再而三，不斷的去挑戰。

後記

二十秒電梯簡報，是猛藥也可能是毒藥

感謝你一路讀到本書的最後一頁。感覺怎麼樣？本書將電梯簡報的大小竅門都介紹給你了，你是否也開始想像自己得到奇蹟眷顧的樣子？

電梯簡報其實是一劑猛藥，端看使用的方式，它可以是猛毒，也可以是強效良藥。透過本書，若能為你帶來以前從未體驗過的嶄新成果，那麼身為作者的我，也能得到無法言喻的感動。

對於本書若有任何意見或感想，歡迎透過電子郵件或社群網站留言給我，我一定會好好拜讀。

E-Mail‥info@bnw-inc.jp
Twitter‥httos://twitter.com/TatsuhikoKosugi

如果你身邊也有人和你擁有一樣的煩惱，希望你務必介紹本書給他，這是我身為作者的誠摯心願。

本書已經是我出版的第十四本作品了。從將企劃書問世，一路執筆以來，透過各種形式給予我幫助的貴人們，真的是多虧有你們的援手，在此僅讓我以文字向你們致上真誠的感謝之意。

特別感謝日本出版社秀和系統的宮永將之，他以本書編輯的身分，從企劃到完稿，都給了我非常多受用的建議，若是沒有他的熱情幫助，我想這本書也很難完成並且出版上市，再次讓我表達深深的感謝。

另外，在撰寫本書的時候，許多當事人都與我分享了親身體驗，以及珍貴的感想，這些貴重的意見，都成為我非常重要的參考，真的萬分感謝。未來我也打算撰寫以傾聽為主題的書籍，屆時還請各位多多指教。

最後，我要感謝一直以來都給予我最大支持的家人們，願未來能夠有你們一直與我相伴，互相砥礪。

真心誠意致上我最深的感謝。

參考文獻

- 小杉樹彥，《勝利者的簡報》（勝者のプレゼン），綜合科學出版。
- 藤原毅芳，《看圖做簡報！一看就懂的簡報法》（図解でわかる！伝わるプレゼン），秀和系統出版。
- 凱文・卡羅爾（Kevin Carroll）、鮑伯・埃利奧特（Bob Elliott），《商務談話只要三十秒！》（*Make Your Point!*），日文版SUBARU舍出版。
- 西原猛，《超順暢簡報！》（ぐるっと！プレゼン），SUBARU舍連鎖出版。
- 下地寛也，《一次就ＯＫ的資料製作法》（一発ＯＫが出る資料　簡単に作るコツ），三笠書房出版。
- 美月AKIKO，《十五秒溝通！電梯簡報的達人》（十五秒で口説く　エレベーター─ピッチの達人），祥傳社出版。
- 艾文・貝爾（Evan Baehr）、艾文・盧米司（Evan Loomis），《讓錢不斷流進來的說故事技術》（*Get Backed*），日文版翔泳社出版。

- 曾我弘、能登左知，《矽谷流創業入門》（シリコンバレー流起業入門），同友館出版。
- 上村英樹，《利用社群抓住人心的故事ＰＲ術》（ソーシャルメディアで心をつかむストーリーＰＲ術），日刊工業新聞社出版。
- WRITES PUBLISHING，《察覺重要的小事 365 天名言之旅》（大切なことに気づく 365 日名言の旅），RAITU 社出版。
- 『Future CLIP』網站（http://sp-jp.fujifilm.com/future-clip/）。
- 哈佛商學院（https://wedge.ismedia.jp/articles/-/1799）。

國家圖書館出版品預行編目（CIP）資料

20 秒電梯簡報：哈佛商學院、美國矽谷創業者必學的簡報技術，只給 20 秒，再忙的人都抬起頭來注意你。／小杉樹彥著；黃怡菁譯. -- 初版. -- 臺北市：大是文化有限公司，2021.09
224 面；14.8×21 公分. --（Biz；370）
譯自：世界一わかりやすい 20 秒プレゼン実践メソッド特別講義
ISBN 978-986-0742-38-1（平裝）

1. 簡報　2. 口才　3. 說話藝術

494.6　　110008566

Biz 370

20秒電梯簡報

哈佛商學院、美國矽谷創業者必學的簡報技術，
只給20秒，再忙的人都抬起頭來注意你。

作　　者／小杉樹彥
譯　　者／黃怡菁
責任編輯／林盈廷
校對編輯／張祐唐
美術編輯／林彥君
副 主 編／馬祥芬
副總編輯／顏惠君
總 編 輯／吳依瑋
發 行 人／徐仲秋
會　　計／許鳳雪
版權專員／劉宗德
版權經理／郝麗珍
行銷企劃／徐千晴
業務助理／李秀蕙
業務專員／馬絮盈、留婉茹
業務經理／林裕安
總 經 理／陳絜吾

出 版 者／大是文化有限公司
臺北市100衡陽路7號8樓
編輯部電話：（02）23757911
購書相關資訊請洽：（02）23757911 分機122
24小時讀者服務傳真：（02）23756999
讀者服務E-mail：haom@ms28.hinet.net
郵政劃撥帳號 19983366　戶名／大是文化有限公司

法律顧問／永然聯合法律事務所
香港發行／豐達出版發行有限公司 Rich Publishing & Distribut Ltd
地址：香港柴灣永泰道70號柴灣工業城第2期1805室
Unit 1805, Ph. 2, Chai Wan Ind City, 70 Wing Tai Rd, Chai Wan, Hong Kong
電話：21726513　傳真：21724355
E-mail：cary@subseasy.com.hk

封面設計／陳皜
內頁排版／顏麟驊
印　　刷／緯峰印刷股份有限公司

出版日期／2021年9月初版
定　　價／新臺幣360元（缺頁或裝訂錯誤的書，請寄回更換）
I S B N／978-986-0742-38-1
電子書ISBN／9789860742343（PDF）
9789860742336（EPUB）